立新·聚芯·融心

——佛山市三龙湾会展北区城市更新规划

2021

主　编　漆　平　赵　炜

副主编　骆尔提　陈　桔　周志仪　王量量

　　　　赵渺希　龚　斌

西南交通大学出版社

·成都·

图书在版编目（CIP）数据

立新　聚芯　融心：佛山市三龙湾会展北区城市更
新规划 / 漆平，赵炜主编. —成都：西南交通大学出
版社，2021.12
　　ISBN 978-7-5643-8452-4

　　Ⅰ . ①立… Ⅱ . ①漆… ②赵… Ⅲ . ①城市规划 – 建
筑设计 – 作品集 – 佛山 – 现代 Ⅳ . ①TU984.265.3

中国版本图书馆 CIP 数据核字（2021）第 255840 号

Lixin • Juxin • Rongxin

——Foshan Shi Sanlongwan Huizhan Beiqu Chengshi Gengxin Guihua

立新 • 聚芯 • 融心
——佛山市三龙湾会展北区城市更新规划

主编　漆　平　赵　炜

责 任 编 辑	杨　勇
封 面 设 计	漆　平
	西南交通大学出版社
出 版 发 行	（四川省成都市金牛区二环路北一段 111 号
	西南交通大学创新大厦 21 楼）
发行部电话	028-87600564　028-87600533
邮 政 编 码	610031
网　　　址	http://www.xnjdcbs.com
印　　　刷	四川玖艺呈现印刷有限公司
成 品 尺 寸	250 mm × 250 mm
印　　　张	12
字　　　数	222 千
版　　　次	2021 年 12 月第 1 版
印　　　次	2021 年 12 月第 1 次
书　　　号	ISBN 978-7-5643-8452-4
定　　　价	135.00 元

序　言

　　毕业设计作为大学实践性教学的最后一个环节，对每一名即将踏入社会的大学生来说，具有重要意义。毕业设计不仅是对同学们在校期间所学基础知识和专业知识综合应用的检验，也是同学们接触实际项目，提高实践能力的过程。广东省城乡规划设计研究院有限责任公司作为省级综合大院，重视搭建产学研平台，连续多年出资支持联合毕业设计竞赛活动，累计吸引了近500名毕业生参与活动。该活动不仅是我司"南粤杯"系列品牌学术活动的主要内容，更是我们鼓励技术创新、推动人才培养的重要抓手。

　　2021年是我司支持"南粤杯"联合毕业设计竞赛活动的第九年。来自广州大学、昆明理工大学、南昌大学、厦门大学、四川大学、华南理工大学（按先后加入顺序）共6所学校的14名指导老师和37名学生组成的6支队伍参与活动。本次竞赛重点关注大城市边缘工业园区的城市更新问题，以佛山市三龙湾高端创新集聚区会展北区为研究对象，以"立新·聚芯·融心"为主题，通过研究其形成机理、问题特征、发展趋势等提出此类地区的更新模式与策略，并完成总体概念规划及重点地区城市设计。联合毕业设计历时半年，经历动员会、启动大会及现场调研、工作营开营、中期成果汇报、终期答辩与评奖等阶段，形成了丰硕的成果，并于今日编纂出版成果作品集。

　　受各种原因影响，竞赛活动采取线上线下结合"小集中大分散"的模式，确保各项流程能够如期举行，各校师生与评委之间能深入交流。也正是得益于六所高校领导的高度重视，专家和老师们的悉心指导，同学们的努力付出，才使得联合毕业竞赛设计水平逐年提高、校企合作逐年深入、学生热情逐年提高。

　　祝贺第九届"南粤杯"六校联合毕业设计作品集出版。祝愿同学们在今后的人生道路上不负韶华、砥砺前行，为规划建设事业和经济社会发展贡献更多力量！

　　是为序。

广东省城乡规划设计研究院有限责任公司
董事长

前 言

　　第九个年头的六校联合毕设在一系列的考验中圆满落下了帷幕，苦乐自知。间断性突发的公共卫生事件对这种跨地域、多校师生的集体教学活动带来了诸多组织工作方面的困难，有了去年的经验，我们有各种预案的考量，希望尽可能做到完美，尽可能使教学计划能得到实施。

　　可喜的是，多年磨合达成默契的六校教师和广东省城乡规划设计研究院的专家们组成的教学团队群策群力、集思广益、相互协调、各司其责，采取灵活的应变措施，严密地把控教学过程，保证了各教学环节的顺利开展，保证了教学成果的高质量呈现。

　　在中期工作营（昆工站）期间，原计划在校内开展为期两周的集中教学活动临时受到了影响，改为各校原地完成，集中汇报（部分学校未能成行，改为网络参会）的方式，特殊时期的多校教学集中活动在昆明理工大学建筑学院院领导的大力支持下、昆工陈桔老师和项振海老师的精心组织下，以及昆工同学的大力协助下得以顺利完成。

　　在终期答辩（川大站）期间，当一切准备工作顺利开展，全体人员即将到达时，又再次遇到突发状况，一时面临汇报场地难以解决的困境。经四川大学建环学院院领导的多方协调和川大赵炜老师、王超深老师的积极筹措，川大同学们的积极参与，毕业设计答辩各项工作得以按计划开展，为此次活动画上了圆满的句号。

　　本年度的课题有三大特点。一是规模大。场地面积达两平方千米，尺度不易把握。二是内容杂。涉及厂房、村落、生态、水系、历史文化、更新政策、经济测算等等，难度相对较大。三是课题新。城市更新是个新课题，各地都在探索中，更新政策和模式也不尽相同。各校的同学敢于接受挑战，积极探索，展现了各校的特色，有深度、有思考、有创新，达到了联合毕设教学团队的教学要求。

　　多年来，我们致力于教学方式的创新，面对面地交流，鼓励不同的解决问题方法的探索。陆续增加了小品表演、装置艺术、动态影像、角色点评等环节，试图通过多种语言解读规划；中期半个月的集中工作营使得各校学生有更多的时间在一起交流，相互促进；对规划理论的运用、规划方法的探索、规划理念的角度，我们是采取开放和包容的态度。

感谢各站活动亲临指导的广东省规划院邱衍庆院长、马向明总工程师、任庆昌副院长、罗勇总规划师，广州市城市更新规划研究院骆建云院长，昆明理工大学建筑学院杨大禹副院长，华中科技大学赵逵教授，中国美术学院Olivier Greder教授，富力集团云南公司洪灿哲副董事长，四川大学建环学院兰中仁副院长，奥雅纳集团董事张祺先生，中建西南院陈一曦副院长、规划院胡俊院长。感谢广东省规划院龚斌、黄雄、熊浩三位专家，六校14位指导教师和40位同学的不懈努力。

　　这个活动能够持续到今天，需要向长期不懈给予六校联合毕业设计大力支持的广东省城乡规划设计研究院有限公司表示深深的谢意，正是因为有这样对教育事业全力支持的企业，才能使得"6+1"联合毕设得以不断成长。

广州大学建筑与城市规划学院

2021年6月16日

解 题
——广东省城乡规划设计研究院

本次设计题目位于佛山三龙湾高端创新集聚区（以下简称"三龙湾"）内。三龙湾位于广佛接壤区域，与广州南站一河之隔，为禅城区、南海区、顺德区交汇区域，是佛山参与粤港澳大湾区建设的核心平台，是做大做强广佛极点、推进两地深度融合发展的重要支撑区，是粤港澳大湾区建设国际科技创新中心的重点创新平台。如图1所示。

《三龙湾高端创新集聚区发展总体规划》《三龙湾高端创新集聚区城市总体规划》等规划对三龙湾的总体定位为：面向全球的先进制造业创新高地、珠江西岸开放合作标杆、广佛融合发展引领区、高品质岭南水乡之城。整体规划结构为"碧环绕芯、双核驱动、三网协同、四轴支撑"的空间格局。"碧环"即依托平洲、潭洲、陈村等水道高标准建设的环三龙湾碧道，是维系水源涵养和生物多样性的重要廊道。"绿芯"即以陈村花卉世界与三山生态绿芯高品质构建的三龙湾生态绿芯，是保

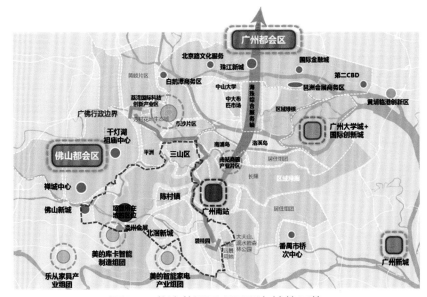

图1　三龙湾范围及项目所在地的区位

护生物多样性和调蓄旱涝的核心。"广佛合作发展核"即由南海三山、顺德陈村构筑的发展核。"佛山新城发展核"即由佛山新城与广东（潭洲）国际会展中心构筑的发展核。"三网"即生态、基础和公共服务三张设施网。"四轴"即高端服务集聚轴、协同创新发展轴、科技产业发展轴、区域协同联动发展轴。三龙湾空间结构图如图2所示。

本次设计题目位于潭州会展北岸，北接陈村花卉世界，南临潭州水道。规划范围东起广佛江珠高速（佛山一环高速），西至潭村工业区一路，南起潭洲水道，北至佛陈路，靠近陈村花卉世界。范围北侧规划有佛山地铁2号线站点一处。片区内汇聚了众多金属、不锈钢、机械、物流等公司，包含力源金属物流城、潭村工业区、三英科力金属加工物流园区、大都村部分居民点等园区。其中力源金属物流城占地面积960 000平方米，1 300多间商铺及厂房，是以金属物资加工、贸易、物流配送、仓储及金属物资信息交流为主的大型现代化物流园区。片区内经济成分、产权结构、经济总量和组织形式繁杂。片区内部分河涌水系因工业园建设被填埋，现有河涌水系水质较差。西侧水系联系陈村花卉世界和潭洲水道。项目现状如图3所示。

上位规划对力源工业园片区总体定位为借力潭州会展优势，以会展为核心，完善基础配套功能，布局会展延伸产业链，双边拥江发展，集聚创新要素，改变力源钢铁市场低质低效的现状，打造会展创新生态圈。功能建议主要为商业商务、科研、工业、居住等，打造会展+创新+智造地区，本次方案可根据设计构思修改。

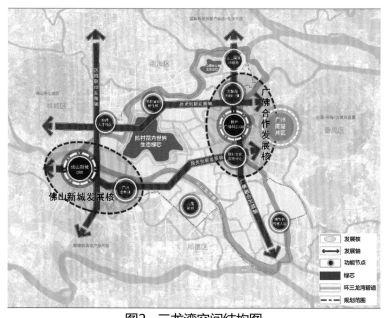

图2　三龙湾空间结构图

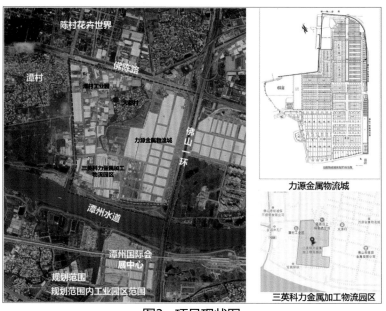

图3　项目现状图

G 第一站 广东·广东—佛山

2021年3月4日—2021年3月7日

2021年度"南粤杯"联合毕业设计竞赛，由广东省城乡规划设计研究院有限责任公司（下称"广东省规划院"）主办，广州大学承办。本次竞赛旨在为设计院和各高校提供一个交流学习的平台，进一步丰富规划院与高校的合作方式，促进各高校规划设计人才的培养。今年，此项赛事迈入了第九个年头。

竞赛采用"6 + 1"即"6所高校+主办方"的组织和参与方式，"6"是来自国内东南西北中的六所高校，"1"是主办方广东省规划院，突出广东省规划院对联合毕业设计竞赛的技术指导作用。

3月5日上午，各校师生从广州大学出发，共同乘车前往广东省城乡规划设计研究院有限责任公司参观，体验设计院的工作环境，了解广东省规划院所承接完成的部分项目介绍、组织架构，以及参观创院历史文化展厅。随后，各位领导和六校师生们在广东省规划院门口举行实习基地挂牌仪式。

活动流程:

1 第九届"南粤杯"6+1联合毕设启动大会:

　　会议在广东省规划院3楼学术报告厅举行,主要与会人员有广东省规划院董事长邱衍庆、总工程师马向明、副总经理任庆昌及一所技术总监龚斌等专家。广州大学建筑与城市规划学院李建军院长、漆平、骆尔提、宁艳、李希琳,四川大学建筑与环境学院兰中仁副院长、赵炜、王超深,昆明理工大学陈桔、项振海,南昌大学周志仪,厦门大学王量量、郁姗姗,华南理工大学赵渺希等14位教师和来自六校的37位同学共同出席启动大会。

2 参观佛山市城市展览馆与三龙湾展厅:

　　下午,各校师生乘车前往佛山市城市展览馆。展馆以文字、视频、实物、场景式模型、VR、游戏等多元的展示手段向师生讲述佛山城市发展脉络。系统地学习佛山的城市文脉和发展历程。随后各校师生乘车来到了位于中欧中心的三龙湾展厅,借由讲解人员的介绍,从区位、交通、产业、生态、城市与文化六大方面了解三龙湾的特点与优势。

3 实地考察:

　　2021年3月6日,各校师生按照各自的计划展开调研,对项目基地展开踏勘记录。但是天公不作美,上午十一点左右,开始下起暴雨,道路泥泞难行,给同学们的调研工作带来极大的阻碍,但是同学们依旧以饱满的热情克服困难,坚决完成调研工作。

4 城市更新规划研究专题分享:

　　晚上,广州市城市更新规划研究院骆建云院长为学生们作关于"城市更新行动下的广州存量资源规划探索"的专题分享。通过对"海珠区石溪村片区策划"和"荔湾泮塘五约更新改造"两个案例的生动讲解,帮助学生们理解城市更新的核心和含义。

K 第二阶段 中期·昆明站

2021年3月27日—2021年4月10日

我们认为，中期阶段是最为重要的环节，这个阶段的工作任务主要是调研成果总结和方案的初步构思汇报。需要以独到的眼光敏锐地捕捉到调研中发现的问题，找到解决问题的切入点，鼓励从不同的视角、创新的理念提出方案构思。

按原计划，本次工作营需要在昆明理工大学展开为期两周的线下教学，为同学们创造更多的交流、学习的机会，大家相互激励、共同提高。由于一些突发情况，该计划未能如愿，而改为同步开营，各校分头开展工作，线下集中汇报的形式。

3月27日上午9时，网上开营仪式正式开始，主会场在昆明理工大学，陈桔老师主持。广州大学漆平老师进行开营动员发言，肯定了大家调研阶段的工作，希望工作营的两周时间内，六校学生能够发挥各自所长，克服困难，完成工作计划所要求的阶段成果。

其后由各校小组长介绍调研阶段的成果和工作计划，教学团队对此予以充分肯定，同时也提出了不少具有启发性的建议。其后的两周时间里，漆平老师到各校与师生进行了交流。

4月9日，四校师生在昆明理工大学集中（四川大学同学和厦门大学师生由于客观原因未能到场）。当晚，在举行学术讲座前，昆明理工大学建筑与城市规划学院杨大禹副院长为马向明总工程师、任庆昌副院长等广东省规划院专家颁发了硕士研究生校外导师聘书。随后，华中科技大学赵逵教授为我们带来了《粤商传播路线视野下的广东会馆建筑研究》专题讲座，分析了古代城市兴衰与水路的关系以及会馆诞生的原因，生动详细地介绍了会馆建筑的特点以及发展的历史，为我们带来了很有价值的广东历史文化研究成果。

中国美术学院的法籍教师Olivier Greder教授给我们带来了关于《修复城市，保护乡村》的讲座，Olivier教授认为，"城市化不同于城市，城市被城市化所吞噬"，带来了深刻且引人思考的内容。讲座中，教授贯穿了生态和谐和城市发展之间的关系和协调，从而引发了同学们对城市性、公共性、多样性之间关系的思考。

　　4月10日上午，联合毕业设计竞赛的工作营中期初步成果汇报在昆明理工大学如期举行，参与的有任庆昌副院长、华中科技大学赵逵教授、中国美术学院Oliver Greder教授（翻译——云南滇池学院冯艺璇老师）、广州富力集团云南公司洪灿哲副董事长和全体师生。

　　汇报流程分为小品表演（对生活的观察）、视频演示（对城市的认知）、装置艺术（规划构思）以及规划初步方案汇报四个环节，并由各校学生进行角色点评（以专家、政府领导、居民代表的身份——站在不同的立场思考问题），最后由特邀嘉宾和评委进行点评和打分。同学们通过不同的艺术语言和方式对规划进行了解读，汇报形式生动有趣，促使学生多维度思考问题，同学们积极的探索精神和多角度的思考给嘉宾和评委老师留下了深刻的印象。

　　4月23日，通过视频会议的形式进行了中期成果汇报。

　　本次线上汇报首次采用PKN模式，每页成果展示均为20秒，这种新颖的汇报形式对于各校参赛小组来说是一个新的挑战，对"南粤杯"来说也是一次新的尝试。

　　至此，各小组在中期阶段明确了方向，体现了特色，探索了路径，为最终成果的完成做了良好的铺垫。

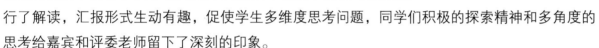

第三站 6+1联合毕业设计中期汇报

2021年4月23日

2021年4月23日，"南粤杯"6+1联合毕业设计中期成果汇报于线上圆满完成。虽然因疫情原因，本应在昆明理工大学开展的工作营减少了时间，但六校的同学们却并未懈怠，反而展现了更加高涨的热情和拼劲，努力完善设计方案，为我们带来了更加精彩的成果展示。

本次线上汇报首次采用PKN模式，每页成果展示均为20秒，这种新颖的汇报形式对于各校参赛小组来说是一个新的挑战，对"南粤杯"来说也是一次新的突破，激发了同学们更大的潜力，克服困难，勇往直前。

活动流程：

1 昆明理工大学——织廊环城，沿涌共生

昆工同学基于现状调查提出了两个问题——什么造成了场地的现在？场地期待什么样的未来？以此为主线挖掘场地现存问题的成因，寻找场地更新改造的解决途径。方案通过对场地SWOT分析的总结与思考，拟定以价值共享、人地共荣、产业共振为目标，提出打造多元群体共享廊、多样生态共融廊、多种产业共振廊的手段来表达设计主题：织廊环城，沿涌共生。

2 四川大学——水蔓联城，融情共生

川大基于对场地的SWOT分析，以对TEAM10有机生长理论和黑川纪章多元共生理论的研究为概念基础，打造Y字形雨水花园作为设计主线，串联整合地块关系，并对蓝绿网络进行生态修复，形成集生态防涝、景观观赏为一体的生态雨水花园。方案形成一心三带一轴六区多点的空间结构，形成六类风貌区，并根据人群活动设置基础配套设施，以供地块多元化建设。

3 广州大学——疏淤通"流""禾"谐共生

广大小组方案以从"制造"到"智造"、从"封闭"到"联动"、从"园区"到"社区"为规划理念，将"以潭洲会展为触媒，集科创孵化、智能制造、展贸居住功能为一体的融合社区"作为更新目标，在对城市双修以及以流定形等理论进行研究的基础上，提出产业"智"流、服务"聚"流、生态"绿"流、功能"合"流四大规划策略，并通过对相似案例的分析推导出用地功能适宜配比，用于指导用地规划，与策略四流拟合，达到融合流动的规划目标。

4 厦门大学——超级聚落

厦大小组在产业视角上打造科创生态链服务引擎，在生态视角上打造区域生态连接榫卯，以达到产业的高效和生态的和谐，使二者平衡共生。方案通过对岭南传统乡空间形态的研究提出打造超级聚落的规划理念，整合生态本底，在蓝绿网络的基础上于多个聚落集群中融入新墟市，集成六类不同类型的超级聚落，辅以空中连廊交流互通，形成新水乡格局。

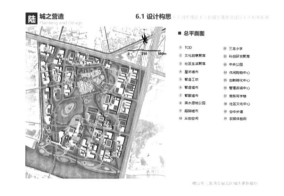

5 南昌大学——汩汩涓流 循循织新

南大小组通过对佛山桑基鱼塘历史沿革的分析，以及对场地绿、产、人三者之间关系的研究，总结出场地的核心矛盾，即单元素失联造成极端现象，多元素断流导致发展失衡，提出重构禾渚昔日繁荣，防止衰败再次发生的目标。方案借助桑基鱼塘流动的循环模式，形成两带三廊三级的空间生长网络，并提出兴·产业流、聚·人文流、活·生态流的三大策略，通过架设"虹"桥汇聚绿、产、人三流，以达到流动平衡的规划目标。

6 华南理工大学——CO-desakota·"扣"

华工小组从场地遗留问题和需求更新之间的核心问题出发，总结出场地的四大矛盾:更新投入VS收益缓慢、产业本地VS区域定位、营商环境VS企业需求、低质空间VS优质生活。并由此提出目标愿景:遵循产城人互动的规划理念，打造产业立新、城市聚芯、治理融新的发展范式。方案在结构上划定了"一芯一轴一带五组团"的模式，对TOD、生活、智造、创展四个组团进行重点设计。

第三阶段 答辩·成都站

2021年5月27日—2021年5月28日

历经近五个月的联合毕设教学活动终于迎来了最终成果汇报的时刻，在全体师生即将出发前往成都之际，再次遇到突发情况，经四川大学建环学院院领导和师生们的多方努力，答辩活动得以如期按计划在四川大学举行。

5月28日上午，在四川大学高新技术企业孵化园多功能厅举行了"南粤杯"6+1联合毕业设计竞赛终期答辩及颁奖仪式。参加的人员有广东省城乡规划设计研究院罗勇总规划师、四川大学建筑与环境工程学院兰中仁副院长、奥雅纳集团董事张祺总经理、中建西南设计研究院陈一曦副院长、中建西南设计研究院规划院胡俊院长、教学团队和六校同学。

答辩由广州大学漆平老师主持，介绍各位到场嘉宾以及六校的同学们，紧接着由四川大学建筑与环境工程学院兰中仁副院长致辞，兰院长重点介绍了四川大学建筑与环境工程学院近些年的进步和成长，以及对六校同学答辩顺利举行的美好祝愿。

汇报环节分为上午、下午两个半场进行，汇报顺序由抽签决定。同学们通过多媒体动画和PPT进行汇报，每组汇报结束之后，由嘉宾和指导老师做出点评和打分。

答辩结束后，各位嘉宾发表了感想。

首先，张祺董事表达了对"南粤杯"六校联合毕设活动的高度认可，认为"6+1"在做一件非常有益于行业发展的事情，并且对各校同学的专业能力表示高度赞赏；他认为独立思考、团队合作、人文情怀是同学们要注意学习的三点。

陈一曦副院长认为，每个学校在一些点上面是不一样的，体现了各校的办学特色，体现了同学们的探索和创新精神，这对于同学们之间交流和未来的职业道路是非常有帮助的。

胡俊院长谈道，参加这个教学活动，感觉像穿越回了大学时光，希望同学们继续保持思想的活跃性、接受新鲜事物的容纳性、对城市发展等各方面的好奇心。

罗勇总规划师提到这个联合教学活动很有价值，看到了同学们的作品超出了对本科生水平的预期而感到很欣慰。他想到三个共生：企业和学校的共生、创新思想的共生、学生和教学团队的共生，他指出规划没有合作是做不出来的，团队精神是很重要的。

漆平老师总结发言，对省规院的支持、嘉宾们百忙之中的光临指导和同学们的努力表示衷心感谢。他指出本次教学活动虽然经历了一些波折，课题的难度比较大，教学的要求比较严苛，但是教学团队配合默契，精心组织，尽职尽责，各校同学敢于接受挑战，勤于思考，积极配合，提交了高质量的答卷，圆满地完成了这次联合教学活动。

根据评分规则，最终评选出获奖名次，获得最佳创意奖的是厦门大学，一等奖是南昌大学，二等奖是厦门大学、华南理工大学，三等奖是四川大学、昆明理工大学、广州大学。

随后，全体嘉宾、教学团队和同学参加了"6+1"联合毕业设计九周年的生日庆祝活动。

至此，2021年度南粤杯六校联合毕业设计画上了圆满的句号。

目　录

广州大学

Guangzhou University

朱健飞（规划）

本次联合毕设让我学习到了各校不同的设计思路，收益匪浅。同时在个人对赛事活动的组织能力，小组内部的任务分工规划，方案的汇报制作各方面都有了更深刻的认识。同时，本人在昆明、成都受到了昆工川大的热情款待，也体验到了当地特色的风土人情。

最后，祝各位同学毕业快乐，祝南粤杯联合设计越办越好。

赵浩扬（规划）

通过参加本次南粤杯联合毕业设计竞赛，经过广州的前期调研、昆明的中期汇报以及在成都的终期答辩，我也一步一步地成长，进一步提高了我对专业知识的理解和运用的能力，也提升了自身的专业素养。通过南粤杯这个联合毕业设计的平台，不仅增进了与业内专家、各校老师及同学的交流机会，也学习到许多新的思路想法，收获颇丰。感谢各校老师以及每一位团队成员的辛勤付出！

刘伟（规划）

通过这次南粤杯六校联合毕设，让我认识了其他学校的同学和老师，见识了不同学校的规划风格以及许多新的设计思想，校内与建筑和园林专业的同学一起合作。在前期调研初期的开题，中期的答辩，以及最终答辩上学到了很多东西，不仅仅是专业上的，还有其他的各个方面，对我未来的工作有很大的影响，受益良多。

张钧溢（规划）

参与本次联合毕业设计，又是一个不断提升和突破自我能力的过程。与其他优秀高校的同台竞技，能够充分认识自身知识网络的欠缺和感受不同高校教育模式的不同，打开新的眼界，看到的新的高峰，在互相比较和研究的过程中进步。不断地进行方案逻辑体系的迭代，更能对规划产生更加深刻的认识，且因为不同专业同学间的合作，更加能够取长补短，不断进步。

邱文轩（园林）

在这次联合毕设中，我参与到了一个城规、建筑、园林专业协调合作的项目中，首先感谢这次各个学校和各位老师的鼓励支持，通过与不同领域专业的同学老师的深入交流，对我知识框架的完善有很大的帮助。另外与其他学校的交流学习使我们认识到当前行业同龄人的水平，帮助我们从更多不同的角度切入设计，见识到了不同的设计风格和技巧，更好地认识自己提升自己，激励我朝更高的水平迈进。在这次南粤杯六校联合毕设中，我收获了知识，收获了友谊，开拓了见识，受益匪浅。

张清雅（园林）

在这次联合毕设中，我参与到了一个城规、建筑、园林专业协调合作的项目中。能够与各个学校的同学们参与到佛山市三龙湾城市更新设计的题目中，我深感荣幸。在这个过程中，从前期调研到最终答辩的过程中，我学习到了许多知识，也很荣幸地能够得到各位专家与老师的指导与批评。能够与各个专业的同学们相互协调合作，我开拓了专业视野，了解到更多专业知识，拓宽了我的知识面，着实受益良多，感触匪浅，幸得相识，感谢指导，感恩收获。

谢晓山（建筑）

通过参加本次南粤杯联合毕业设计竞赛，提高了我对规划专业和园林专业的了解，让我认识到规划专业、园林专业及建筑专业如何相互协作各司其职完成对城市设计的一套系统，让我对城市的小小认知又能够更进一步。并且各种好玩的活动，各种专业的答辩和汇报，各种与专家的面对面对话，各种与不同学校的同学的交流，种种的种种，让我对专业有了全新的了解，让我对问题有了全新的看法，实在是受益良多。这一切都要感谢这次参与佛山三龙湾城市更新设计活动的老师们的辛勤付出。

疏淤通"流"
"禾"谐共生 ——基于"城市双修"理念下的融合社区更新设计

——Renewal design of integrated community based on the concept of "urban double repair"

学　校：广州大学　　指导老师：骆尔提　李希琳　宁艳　　小组成员：朱健飞　赵浩扬　刘伟　张钧溢（规划）　邱文轩　张清雅（园林）　谢晓山（建筑）

背景研判

广佛都市圈层面

广佛都市圈构筑两脊两带发展格局，在交界线上设置"1+4"五个试验区，其中，以"广州南站-佛山三龙湾-广州荔湾海龙"先导区为核心，形成广佛高质量发展融合新级核。

构建"两脊两带"发展格局，1+4试验区高质量融合

- 花都-三水 试验区
- 白云-南海 试验区
- "荔湾-南海"试验区
- "广州南站-佛山三龙湾-广州荔湾海龙"先导区
- 南沙-顺德 试验区

广佛生态联动紧密，三龙湾地处重要节点

三龙湾与基地周边层面

右靠两大高速路、未来连接佛山地铁，交通区位优秀

产业平台集聚，功能分化明显，错位互补

承接"城市绿芯"，南邻环三龙湾"碧道"

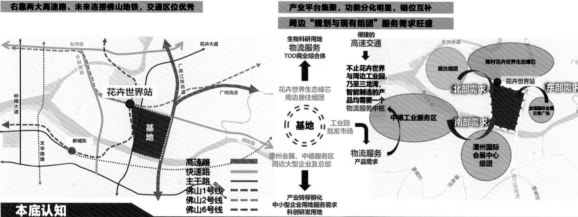

图例
- 高速路
- 快速路
- 主干路
- 佛山1号线
- 佛山2号线
- 佛山6号线

周边"规划与现有组团"服务需求旺盛

生物科研用地
物流服务
TOD商业综合体

花卉世界生态绿芯
周边居住组团

基地

工业园
批发市场

漳州会展、中德服务区
周边大型企业及总部

物流服务
产品需求

产业转移孵化
中小型企业用地服务需求
科创研发用地

不止花卉世界、周边工业园，乃至三龙湾，智能制造的产品均需要一个物流服务中枢

图例
- 生态绿芯
- 生态节点
- 环三龙湾碧道
- 一级生态廊道
- 二级生态廊道

本底认知

历史沿革

从水网密布的岭南水乡，到厂房林立的工业园区

基地位于珠江三角洲平原，地势平坦、水网密集，全年暖湿多雨，光照充足。所处的顺德区是岭南文化的重要发源地和"海上丝绸之路"起点之一。禾渚村具有赛龙艇的习俗，是民间文化特色活动之一，有着浓郁的沙田水乡风情，深受村民喜爱。

空间要素

村级工业园

岭南水乡

临江绿道

金属物流园

土地利用现状

用地类型单一，以仓储物流，工业用地为主

土地利用现状一览表				
	用地代码	用地名称	用地面积/公顷	占用地面积比例
建设用地	R2	二类居住用地	13.3	6.3%
	B1	商业用地	5.0	2.4%
	M3	三类工业用地	66.0	31.4%
	W2	二类物流仓储用地	54.5	25.9%
	S1	城市道路用地	20.7	9.8%
	G1	公园绿地	9.8	4.7%
	G2	防护绿地	12.6	6.0%
	G3	广场用地	1.8	0.9%
	H14	村庄建设用地	8.2	3.9%
非建设用地	E1	水域	12.1	5.8%
	E2	农林用地	2.0	1.0%
	E9	其它非建设用地	4.4	2.1%
Z（总）		城乡用地	210.4	100.0%

场地总面积约210.4公顷，其中以物流仓储用地与工业用地为主，分别占比31.4%与25.9%。场地用地结构功能较为单一，用地分布组团式明显，彼此边界模糊，并且缺乏公共服务设施类用地。

图例
- 商业用地
- 居住用地
- 物流仓储用地
- 工业用地
- 水域
- 农林用地&绿地

城市空间

空间演变

逐步替代水乡格局形成现有肌理，生态格局被破坏

▨ 建筑轮廓	◎ 水系	◎ 暗渠	▦ 农田

02　　　2008　　　NOW

地块内绿地面积 **1.24km²**
占地块面积的 **64%**
□型水乡结构

作为文化源泉孕育了岭南水
化，承载了民俗节庆、龙
行、居民的日常浣洗、
、临水塘戏等等活动。

暗渠混凝土盖板

地块内绿地面积 **0.64km²**
占地块面积的 **33%**
4年内减少了 **一半**

河涌和基塘遭到了大量的填埋的覆盖，水乡格局遭到了较大的破坏。动物群落逐渐消失。

地块内绿地面积 **0.29km²**
仅占地块面积的 **15%**
水乡风貌尽失

农田用地大多被征收，河涌基塘被填挖，土壤受到污染无
法种植粮食用经济作物，田地多为人工苗木生境，原有
"小桥流水" 的水乡聚落风貌再难重现。

建筑肌理

建筑质量参差不齐，村落肌理被保留

▨ 质量较好	┅ 村落肌理
▨ 质量一般	┅ 工业肌理
▨ 质量较差	

1 力源金属物流园
2 禾渚村落
3 伟城大厦　**4** 沿街商业

生态环境

及绿地格局与地形有较好的顺应关系

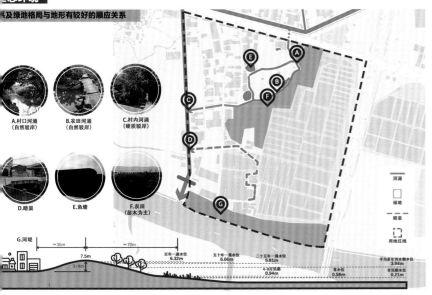

A.村口河涌（自然驳岸）　B.农田河涌（自然驳岸）　C.村内河涌（硬质驳岸）
D.暗渠　E.鱼塘　F.农田（苗木为主）
G.河堤

河涌　绿地　暗渠　用地红线

过度用地扩张与生态割裂造成生态环境退化

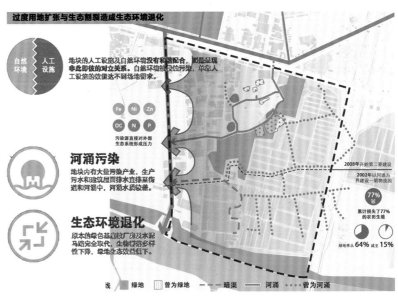

自然环境　人工设施

地块的人工设施及自然环境没有和谐配合，而是呈现
出彼此即彼此的对立关系。自然环境被反恐污染，单位人
工设施的效能达不到场地期望。

Fe	Ni	Zn
OC	N	P

污染源直接对外部
生态系统形成压力

河涌污染

地块内有大量污染产业，生产
污水和建筑屋面排水直排到街
道和河涌中，河涌水质较差。

生态环境退化

原本的绿色基底被工厂房及水泥
马路完全取代，生物招多样
性下降，绿地生态效益低下。

2008年开始第二期建设
2002年以河道为
界建设一期物流园

累计损失了 **77%**
的农田生境

绿地率从 **64%** 减至 **15%**

▨ 绿地　▨ 曾为绿地　┅ 暗渠　— 河涌　— 曾为河涌

产业基础

发展脉络

地内粗加工工业源于顺德快速发展的产能外溢

产业现状

加工产业链条单一，制作工艺简单且高污染

产业链	研发设计	粗加工	零件加工	组装调试	管理分销	用户
产品种类	原料提供	抛光	建筑材料	包装储存	五金店	
市场信息	分条	压花	家居	品牌	家具厂	
自主设计	压延	主要部件	装配组件	商业模式	其他	
伺服控制等新技术应用	制管	齿轮装饰		技术培训		
	现状主要环节			售后		

周边产业跟随式发展，形成同质竞争

陈村花卉世界
禾渚工业区
潭洲工业园
力源金属物流园
金镇国际金属交易广场
绀村工业区
王孝科力金属物流区
上隆工业区
西湖工业区

土地资源严重不足，原有模式难以为继

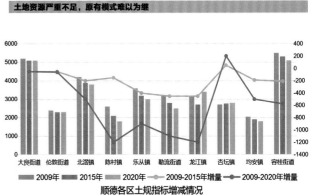

顺德各区土规指标增减情况
(产业发展保护区划定背景下顺德区集体工业用地更新策略_张昊)

大良街道　伦教街道　北滘镇　陈村镇　乐从镇　勒流街道　龙江镇　杏坛镇　均安镇　容桂街道

▨ 2009年　▨ 2015年　▨ 2020年　— 2009-2015年增量　— 2009-2020年增量

配套服务与设施

道路交通现状

道路缺乏组织维护，空间连通性差

排水设施不完善，市政设施亟待升级

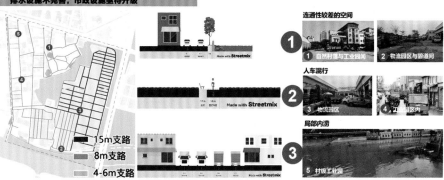

- 15m支路
- 8m支路
- 4-6m支路

连通性较差的空间
1 自然村落与工业园间
2 物流园区与碧道间

人车混行
3 物流园区
4 工业园区内

局部内涝
5 村级工业园

公服配套现状

区域公共服务设施不完善

潭洲水道沿岸以居住地产开发为主，公共配套服务不足。

基地公共服务设施匮乏

基地内的文体设施以及公园等公共活动空间的建设数量上不足，对于内部村居环境而言，生活圈内人均公共绿地面积不足，商业服务业设施缺失，社区服务与便民设施匮乏。

公共空间不足，景观破碎度较高

区域内水系丰富，但块地由于发展金属粗加工产业，打断块地内部连续绿化，绿地斑块较为破碎，不成体系。公共活动空间与公共建筑沿水系分布，如村内体育设施，祠堂沿村内河涌分布，碧道沿潭州水道分布，但总体可达性差，使用率低下。

公服配套设施缺乏，缺少高能级、高质量公服设施

图例
- 学校
- 博物馆
- 医院

目标研判

机遇与挑战

结合现有优势，提出3大挑战，3大机遇

优势	挑战	机遇
工业基础完整 地块中的禾渚村乃至于禾渚工业园为历史中叶德工业产能外溢形成。这类产业而处于相对成熟的阶段。	**基地产业未来将要如何转型发展？**	**立新** 工业社区营造、低成本成果转化载体
生态基质良好 地块具备珠三角洲典型的地形地貌，水网密布，生态本底良好。	**基地发展如何与自然协调共生？**	**聚芯** 生态基底打造，周边区域联动、形成清洁产业
历史源远流长 地块内的禾渚村仍然有明朝便存在，村内祠堂罗列，民俗活动也一直存有。	**基地内岭南水乡文化如何得以延续？**	**融心** 吸引人才、文化互融、持续发展

理论研究

城市双修

是指生态修复与城市修补，生态修复是通过一系列手段恢复城市生态系统的自我调节功能；**城市修补**是不断改善城市公共服务质量，发掘城市基础设施条件，发掘和保护城市历史文化和社会网络，使城市功能体系及其承载的空间场所得到全面系统的修复、弥补和完善。

增加公共空间　提高服务能力　改善出行条件　改造老旧建筑

加强水体治理　完善绿地系统

以流定型

研究方法遵循"要素流动规律决定城市空间形态"的城市形态形成规律，从要素流动规律研究出发推进城市空间形态的研究和设计工作。逐步逼近"最优空间形态"，直到达到各利益攸关方均可接受的最终结果。通过地块生态流、交通流、产业组织与流活化，实现村庄土地使用高效集约化，空间发展有序化。

主要要素：人流、生态流、物流、产业流、信息流

服务流：配套、人文、居住、交通

复合要素耦合

研发、生产、物流、展示　　产业流　　绿地、水系、生态廊道　生态流

规划使命

从"制造"到"智造"

1.强化智能制造，推动产业数字化、集约化和智能化发展
2.补足产业链薄弱环节，促进产业链全面升级

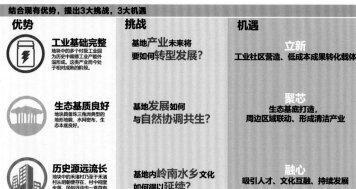

行业链	研发设计	粗加工	零件加工	组装调试	管理分销	用户
产品种类	原料提供	抛光	建筑材料	包装储存	五金店	
	市场信息	分条	压花	家居	品牌	家具厂
	自主设计	压延	主要部件	装配组件	商业模式	其他
	伺服控制等新技术应用	制管	齿轮装饰	技术培训		
		产业核心环节		售后		

智能制造：产品智能化、生产方式智能化、服务智能化、装备智能化

智　人　能

信息互联、精益生产、工业工程

从"封闭"到"联动"

形成更完善的生产性服务体系

对村居和工业园进行更新改造，与周边产业平台错位互补，集中打造中小企业平台

潭洲工业园、力源物流园、禾渚工业园 → 绿芯花卉、潭洲会展 → 新型工业社区

从"园区"到"社区"

打造更智慧的人文产业社区环境
守护"半城半绿"生态基底，创新绿色低碳发展模式

宜业

宜居

规划愿景

疏淤通"流"
"禾"谐共生

产业流
生态流
服务流

禾渚村

通过场地现有棕地的拆除重建，打通场地内的各类要素，形成要素流线，从而进一步塑造合渚村的空间形态，打造新型产业社区。

规划定位

以潭州会展为触媒

集科创孵化、智能制造、展贸居住功能一体的融合社区

4

产业"智"流

构建"智能化全产业链"

增强产业链薄弱环节，以新价值新动力助力产业迭代
对接区域产业链功能，明确发展方向和主导产业

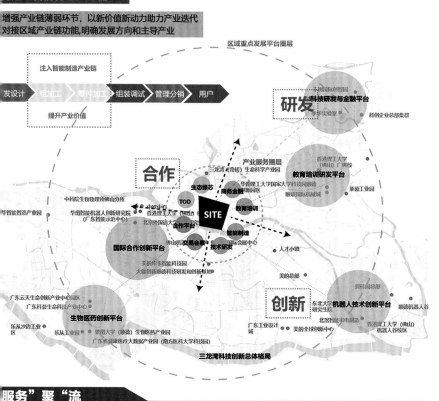

注入智能制造产业链

研发设计 → 粗加工 → 零件加工 → 组装调试 → 管理分销 → 用户

提升产业价值

研发
合作
SITE
创新

三龙湾科技创新总体格局

搭建"共享化流通体系"

优化物流载体，提高效率
跨空间融合以及多元注入

打造线上智慧平台，实现信息共享
社区化管理，加强群体交流

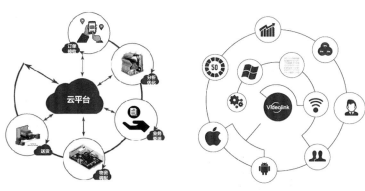

提供"全程化服务配套"

联动周边产业要素

服务"聚"流

促进人群融合，打造开放可续园区

打造宜人园区生活

可持续，开放：

推P+R模式，提升公共交通使用率
推内部慢行系统，打造开放的园区

混合用地功能：

计土地使用效率，塑造良好人居，促进可持续发展

减少社会分异：

推内部服务环+服务系统聚合各类人流，减缓社会
分异现象
推平衡的职住体系和包容的生活条件，促进边缘人
群融入主流社会

以自组织模式管理园区

园区企业
物业外包

园区综合管理委员会

村委会
村委——延续村内管理
文娱活动组织——延续文化传承
志愿者组织——村内互助

政府职能部门
公安
工商
民政

社区外组织
NGO
商业企业
事业单位

搭建线上管理平台，增强公众参与，决策公开

慢行串接服务节点

Ⓐ TOD综合开发商业服务：

高密度复合化开发
利用立体交通分流分离各类交通流
达到高效集约利用土地的目的

Ⓑ 小街密路交通组织：

确立合理路网宽度，避免功能区域独立分割，
增加场地开放性

Ⓕ 打造综合服务中心：

综合服务节点，承载多种活动，串接各个活
动节点

Ⓓ Ⓔ 打造慢行服务系统&P+R综合换乘系统：

P+R停车场(地面+地下)结合自行车地铁站点
达成本地居民日常上班通勤/居民&游客&工作人员的最后一公里通勤，
促进公共绿色交通的使用

绿地系统现状

绿地孤岛化，人工驳岸多，污染扩散严重

生物群落空间分布现状

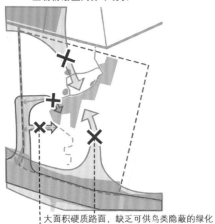

大面积硬质路面，缺乏可供鸟类隐蔽的绿化
为硬质驳岸或暗渠，不具备两栖类及水生动物的栖息条件

污染扩散模式分析

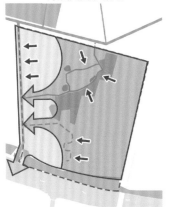

☐ 鸟类活动路径　☐ 两栖类及水生动物活动路径
☐ 面源污染　← 面源污染方向

生态体系遭到破坏

低维护　高效益

乡土群落 高稳定性 改善小气候 控制污染

| 链接生境 | 修复栖地 | 绿地系统重构 |

海绵设施 活动设施 与城共生
韧性防护

雨洪管理 科普教育 游憩活动 农业生产 亲近自然

高弹性　多功能

重构生态体系

水系重构

水体类型单一，相互联系较弱、活力低下

原水系形态空间布局 ｜ 原水系流速分析（降水）｜ 原水系流速分析（无降水）

鱼塘
靠水泵与水系联系

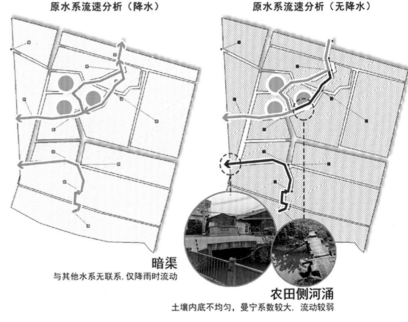

暗渠
与其他水系无联系，仅降雨时流动

农田侧河涌
土壤内底不均匀，曼宁系数较大，流动较弱

	深度	曼宁n值	宽度
自然驳岸河涌	0.3-1.5m	无维护土壤 0.025-0.14	2.5-5m
硬质驳岸河涌	1.5m	浆砌0.014	3-4m
暗渠	/	混凝土0.011	3m

0　0.01　0.1　1　2 M/S　● 蓄水池

整合活化地块水系，改善水质，丰富滨水空间类型

改造后水系形态空间布局 ｜ 改造后水系流速分析（降水）｜ 改造后水系流速分析（无降水）

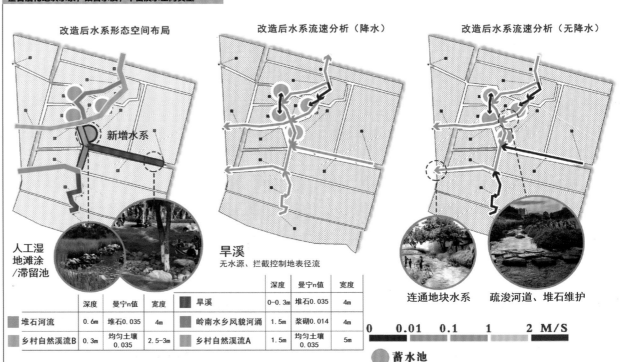

新增水系

人工湿地滩涂/滞留池

旱溪
无水源、拦截控制地表径流

连通地块水系｜**疏浚河道、堆石维护**

	深度	曼宁n值	宽度		深度	曼宁n值	宽度
堆石河流	0.6m	堆石0.035	4m	旱溪	0-0.3m	堆石0.035	4m
乡村自然溪流B	0.3m	均匀土壤0.035	2.5-3m	岭南水乡风貌河涌	1.5m	浆砌0.014	4m
				乡村自然溪流A	1.5m	均匀土壤0.035	5m

0　0.01　0.1　1　2 M/S　● 蓄水池

生态"绿"流

绿地系统重构

连接滨河碧环与核心绿地，构建双重缓冲改善河涌水质

植物群落空间分布

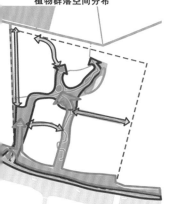

- 农田 宽60-80m
- 人工常绿林 宽15-30m
- 南亚热带湿地草丛 宽60-120m
- 南亚热带常绿针阔混交林 宽80-120m

动物群落空间分布

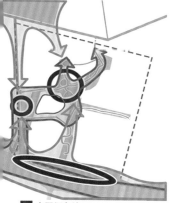

- 主要栖息地
- 鸟类活动路径
- 两栖类及水生动物活动路径

污染控制策略

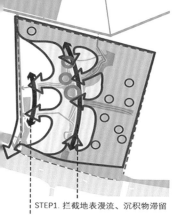

STEP1. 拦截地表漫流、沉积物滞留

STEP2. 河岸缓冲绿地、二次沉降、净化水质

面源污染 ● 人工湿地/滞留池 ○ 下沉式绿地

功能"合"流

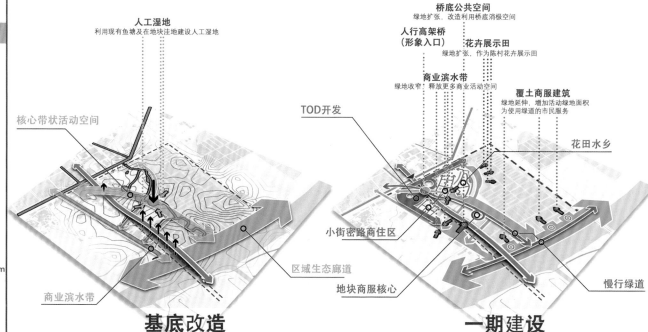

人工湿地
利用现有鱼塘及在地块注地建设人工湿地

核心带状活动空间

商业滨水带

桥底公共空间
绿地扩张，改造利用桥底消极空间

人行高架桥（形象入口）

花卉展示田
绿地扩张，作为陈村花卉展示田

商业滨水带
绿地收窄，释放更多商业活动空间

覆土商服建筑
绿地延伸，增加活动绿地面积 为使用绿道的市民服务

TOD开发

花田水乡

小街密路商住区

区域生态廊道

地块商服核心

慢行绿道

基底改造

提前架高僚龙路，释放更多空间同时增强地块内的连通性。让原先的暗渠重见天日，联系地块内的水系，增加地表径流及绿地，形成三条主要的带状绿地格局。

一期建设

先对地块西部产生污染的、破败的厂房建筑进行拆除，生态流形态顺应场地服务设施需要进行修改，慢行系统贯穿地块联系花卉世界和滨水碧道等区域主要城市绿地系统。

→ 服务流 　→ 生态流 　→ 产业流 　⇒ 服务流影响 　⇒ 生态流影响 　⇒ 产业流影响

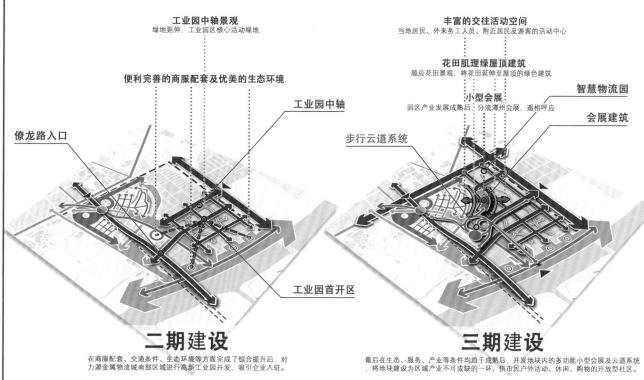

工业园中轴景观
绿地延伸，工业园区核心活动绿地

便利完善的商服配套及优美的生态环境

工业园中轴

僚龙路入口

工业园首开区

丰富的交往活动空间
当地居民、外来务工人员、附近居民及游客的活动中心

花田肌理绿屋顶建筑
顺应花田景观，将花田延伸至屋顶的绿色建筑

小型会展
园区产业发展成熟后，分流潭洲会展，遥相呼应

智慧物流园

步行云道系统

会展建筑

二期建设

在商服配套、交通条件、生态环境等方面完成了综合提升后，对力源金属物流城南部区域进行高新工业园开发，吸引企业入驻。

三期建设

最后在生态、服务、产业等条件均趋于成熟后，开发地块内的多功能小型会展及云道系统，将地块建设为区域产业不可或缺的一环，供市民户外活动、休闲、购物的开放型社区。

→ 服务流 　→ 生态流 　→ 产业流 　⇒ 服务流影响 　⇒ 生态流影响 　⇒ 产业流影响

分区用地图例
1 TOD商业商务综合片区
2 商业街区
3 智慧物流园区
4 村集体建设用地
5 禾渚村
6 花田景观
7 AI会展
8 中小学
9 社区服务中心
10 云道
11 高层住宅区
12 联排别墅区
13 产研工业园
14 研发总部
15 碧环河堤

工业用地图例
1 大型工业区
2 模块工业区
3 办公生活区
4 组团科研区
5 高层科研区

生态景观图例
1 屋顶花园
2 人工湿地
3 复育森林
4 景观栈道
5 绿道交通环
6 旱溪
7 林中小屋
8 林下游乐设施
9 覆土建筑
10 云道平台
11 码头
12 滩涂鸟岛

技术经济指标:

总用地面积: 210.5 公顷
总建筑面积: 2526000 ㎡
总容积率: 1.2
绿地面积: 32.0 公顷
绿地率: 15.2%
建筑密度: 32%

N

0   100   200m

设计说明:

　　本次设计以"疏淤通"流","禾"谐共生"为主题,通过城市双修,使城市功能体系及其承载的空间场所得到全面系统的修复、弥补和完善。再从要素流动规律研究出发推探讨"最优空间形态",通过地块生态流、交通流、产业组织与流活化,实现土地使用高效集约化,空间发展有序化。最终形成,产业"智"流,服务"聚"流,生态"绿"流,功能"合"流四方面,探讨最佳空间形态。
　　最终形成以潭州会展为触媒,集科创孵化、智能制造、展贸居住功能为一体的融合社区规划总用地面积为210.5公顷,其中建设用地约183.7公顷,水域等非建设用地约27.1公顷。

土地利用规划

例

- ▨ 商业用地
- ▨ 居住用地
- ▨ 行政办公用地
- ▨ 物流仓储用地
- ▨ 工业用地
- ▨ 教育科研用地
- ▨ 体育设施用地
- ▨ 文化设施用地
- ▨ 村庄建设用地
- ▨ 水域
- ▨ 公园绿地
- ▨ 防护绿地

规划形成以工业、商业、居住、为主，文化及其他公共服务为辅的用地结构。
规划总用地面积210.5公顷，其中建设用地约183.7公顷，水域等非建设用地约27.1公顷。

城市建设用地平衡表			
用地代码		**用地名称**	**用地面积(hm²)**	**占城市建设用地比例(%)**
大类	**中类**			

用地代码	中类	用地名称	用地面积(hm²)	占城市建设用地比例(%)
		居住用地	16.8	9.12
		公共管理与公共服务设施用地	25.5	13.88
A1		行政办公用地	0.9	0.49
A2		文化设施用地	8.7	4.74
A3		教育科研用地	15.0	8.18
A4		体育设施用地	0.9	0.47
		商业服务业设施用地	21.5	11.73
B1/B2		商业商务用地	10.5	5.71
B1		商业用地	11.0	6.02
		工业用地	30.3	16.51
M1		一类工业用地	30.3	16.51
		物流仓储用地	12.4	6.73
W1		一类物流仓储用地	12.4	6.73
		道路与交通设施用地	45.2	24.61
S1		城市道路用地	45.2	24.61
		绿地与广场用地	32.0	17.42
G1		公园绿地	24.8	13.50
G2		防护绿地	7.2	3.93
H11		城市建设用地	183.7	100.00

开发强度控制

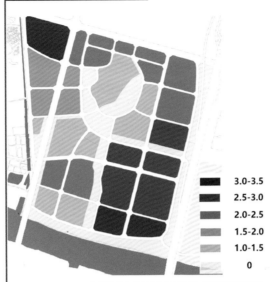

用地比例

- 居住用地
- 绿地
- 公服用地
- 产业用地

规划本着产业优先的开发原则，对规划区的开发强度进行控制，容积率分5个档位：0、1.0-1.5、2.0-2.5、2.5-3.0、3.0-3.5。围绕TOD及产业园区进行渐进式开发强度分区，向周边降低。

- ■ 3.0-3.5
- ■ 2.5-3.0
- ■ 2.0-2.5
- ■ 1.5-2.0
- ■ 1.0-1.5
- □ 0

- 绿地：15%—25%
- 产业用地：15%—25%
- 公共服务用地：10%—20%
- 居住用地：10%—15%

用地结构规划

打造城市绿廊，形成四大活力片区

根据各组团内部功能的侧重，通过生态和交通廊道的自然分割，将基地分为"TOD+商住、岭南村落+会展、产研+物流、居住+服务"四大活力片区，实现产业流、服务流、生态流的充分融合。

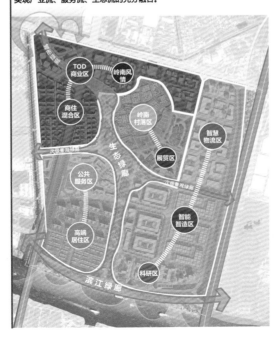

综合交通规划

道路规划

优化路网结构，增加规划弹性
规划城市支路，提高交通可达性

- ■ 50m城市主干道
- ■ 28m城市主干道
- ━ 城市次干道
- ━ 城市支路

慢行交通规划

步行优先　完善公共交通　保障行人安全

- 园区主要慢行道：
- 生活片区主要步行道：
- 滨水慢行道：
- ● 自行车换乘点：
- ▨ 车辆限行区域：
- ◉ P+R换乘服务点：

建设风貌引导

建设风貌分区

商务活力区

以现代感、群体性为风貌特征的现代商务区。结合地铁站点及村落肌理，拓展公共服务配套，为片区的发展提供有力的商务服务支撑。

融芯会展

结合场地核心景观，采用立体绿化，形成生态水乡到科创产业园的自然过渡，并相互呼应。

生态水乡

遵循村落现有肌理，以岭南传统建筑风格为主，结合局部建筑微改造，形成现代建筑与传统风貌相得益彰的村落风貌。

文化休闲区

以低层商业及多层住宅为主，结合城市开放空间，形成组团式布局，配备学校、社区中心等服务设施。

科创产业园

现代工业建筑风格为主；采用立体绿化等方式，达到美化景观的作用。

建筑风貌

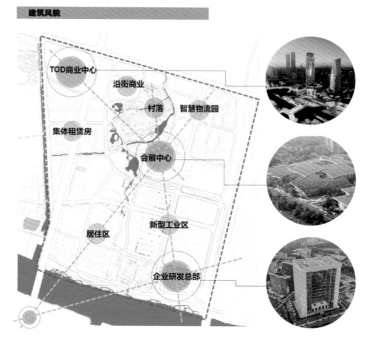

结合视线通廊，在关键节点打造多个城市标志性建筑

建筑以综合功能的形式出现，布置商业、办公、文化、产业等功能，使其成为各个功能区的活力中心。

绿地及景观系统规划

链接生境，修复栖地

链接生境，修复栖地。

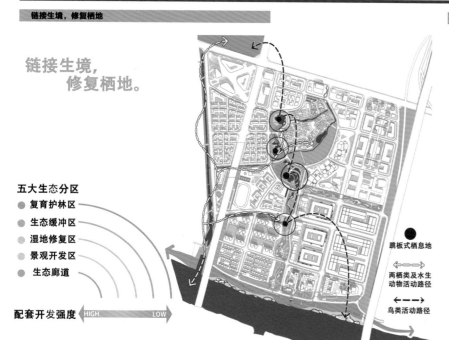

五大生态分区

- 复育护林区
- 生态缓冲区
- 湿地修复区
- 景观开发区
- 生态廊道

配套开发强度 HIGH ▬▬▬ LOW

● 跳板式栖息地

⇠⇢ 两栖类及水生动物活动路径

← - → 鸟类活动路径

韧性防护，与城共生

韧性防护，与城共生。

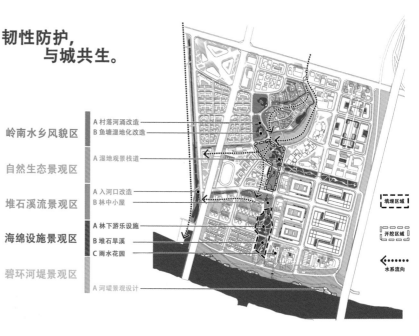

岭南水乡风貌区
A 村落河涌改造
B 鱼塘湿地化改造

自然生态景观区
A 湿地观景栈道

堆石溪流景观区
A 入河口改造
B 林中小屋

海绵设施景观区
A 林下游乐设施
B 堆石旱溪
C 雨水花园

碧环河堤景观区
A 河堤景观设计

填挖区域

开挖区域

水系流向

绿地及景观系统规划

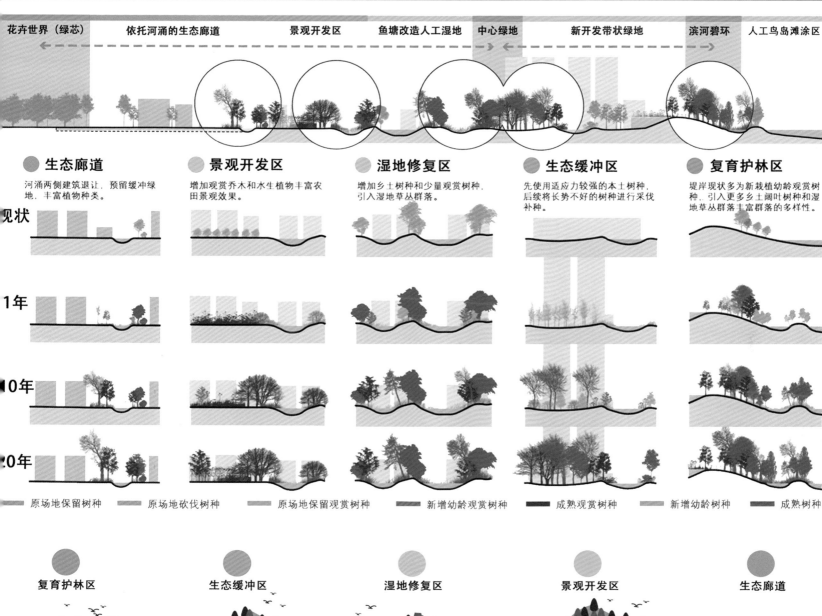

花卉世界（绿芯）　依托河涌的生态廊道　景观开发区　鱼塘改造人工湿地　中心绿地　新开发带状绿地　滨河碧环　人工鸟岛滩涂区

生态廊道
河涌两侧建筑退让，预留缓冲绿地，丰富植物种类。

景观开发区
增加观赏乔木和水生植物丰富农田景观效果。

湿地修复区
增加乡土树种和少量观赏树种，引入湿地草丛群落。

生态缓冲区
先使用适应力较强的本土树种，后续将长势不好的树种进行采伐补种。

复育护林区
堤岸现状多为新栽植幼龄观赏树种，引入更多乡土阔叶树种和湿地草丛群落丰富群落的多样性。

见状　1年　10年　20年

— 原场地保留树种　— 原场地砍伐树种　— 原场地保留观赏树种　■ 新增幼龄观赏树种　■ 成熟观赏树种　— 新增幼龄树种　■ 成熟树种

复育护林区

面积配比
- ● 配套开发 < 20%
- ● 经济林 > 15%
- ● 森林复育率 > 65%

自然徒步　自然观景　自然教育

生态缓冲区

面积配比
- ● 配套开发 < 30%
- ● 经济林 55%
- ● 森林复育率 > 15%

自然徒步　野营　花田漫步

湿地修复区

面积配比
- ● 配套开发 < 45%
- ● 经济林 > 20%
- ● 森林复育率 > 5%
- ● 景观开发率 > 30%

自然徒步　自然教育　垂钓

景观开发区

面积配比
- ● 配套开发 < 65%
- ● 经济林 > 15%
- ● 景观开发率 > 25%

日常户外活动　浅溪戏水　骑行

生态廊道

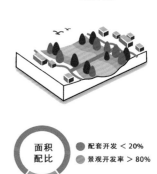

面积配比
- ● 配套开发 < 20%
- ● 景观开发率 > 80%

日常户外活动　浅溪戏水　休憩消费

周边环境及功能片区

园区周边要素多样且丰富，打造产研联动一体，兼顾不同需求的智慧园区

东侧紧邻广佛江珠高速，工业生产交通便捷；北部联动基地智慧物流园区板块，便于衔接工业产品流通；西面朝向生态绿廊与居住公服组团，生活配套设施完备；南向与潭州会展中心隔江相望，提供科研孵化助力。

依据周边功能关系，将地块分为办公生活区、模块工业区、大型工业区、组团科研区、高层科研区五大片区。

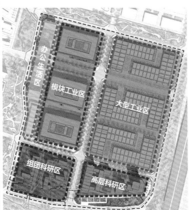

规划范围
工业用地
科研用地
绿地

潭州会展

产业流体系

构建园区产业要素流、交通运输流、生活居住流体系

以产业要素流使生产要素自生产板块向展贸和物流板块流动，使技术要素自科研板块向生产和展贸板块移动；以交通运输流使成果及产品快速通过物流及高速路向外运输，同时向基地内部输送生产原材料。

① 产业要素流

② 交通运输流

③ 生活居住流

办公生活区设计

办公生活区：满足不同工业人员的居住和办公需求

为工业人员提供满足单人居住的不同面积的厂区公寓，分别为单身或四人公寓，公寓裙楼生活配套设施齐全；办公楼满足工业区内各企业的办公管理需求。

单人公寓
独立卫生间
公共厨房
屋顶花园

四人公寓
独立卫生间
健身中心
小型公共图书馆

公寓配套裙楼
超市
社区医疗
酒吧&咖啡厅

工业办公大楼
商务办公
路演大厅
多功能会议中心

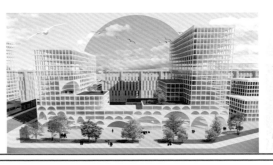

2.4 FAR

占地面积
32,000 平方米

建筑面积
78,000 平方米

办公
30,000 平方米

商业
16,000 平方米

居住
32,000 平方米

模块工业区设计

模块工业区：为企业和个人工作坊提供可定制的生产空间

根据企业生产工艺流程的不同提供不同面积和层数的模块化生产空间，根据其不同的生产环境需求进行定制化改造；顶层满足工作人员日常休息、餐饮、运动所需。

休闲、餐饮、运动
楼梯/电梯

单模块
多模块自由组合 12*15 → 96M*150M
高透气外立面减少能耗

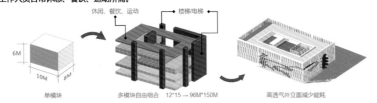

2.3 FAR

占地面积
92,000 平方米

工业建筑面积
216,000 平方米

科研区设计

大型工业区可满足大规模生产所需并不断生长

厂房预设的框架能够在不影响原有厂房运行的基础上持续加建层数。

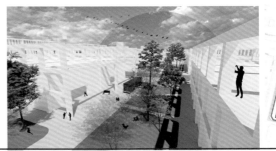

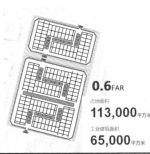

0.6 FAR

占地面积
113,000 平方米

工业建筑面积
65,000 平方米

滨河城市界面效果图

产研工业园　林下活动空间　屋顶花园　商业步行街　滨水图书馆　滨水咖啡厅　绿道　林下小屋

智慧物流园区

规划总平面图

技术图纸

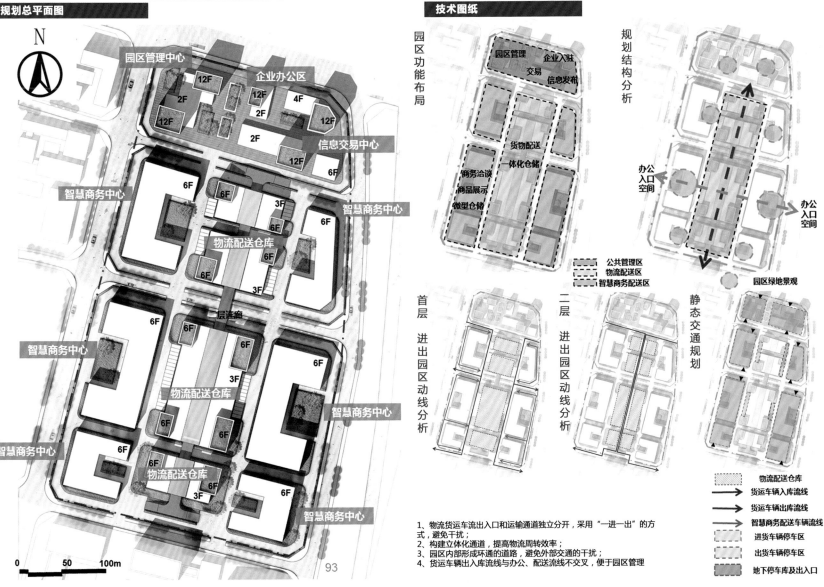

1、物流货运车流出入口和运输通道独立分开，采用"一进一出"的方式，避免干扰；
2、构建立体化通道，提高物流周转效率；
3、园区内部形成环通的道路，避免外部交通的干扰；
4、货运车辆出入库流线与办公、配送流线不交叉，便于园区管理

总体规划布局

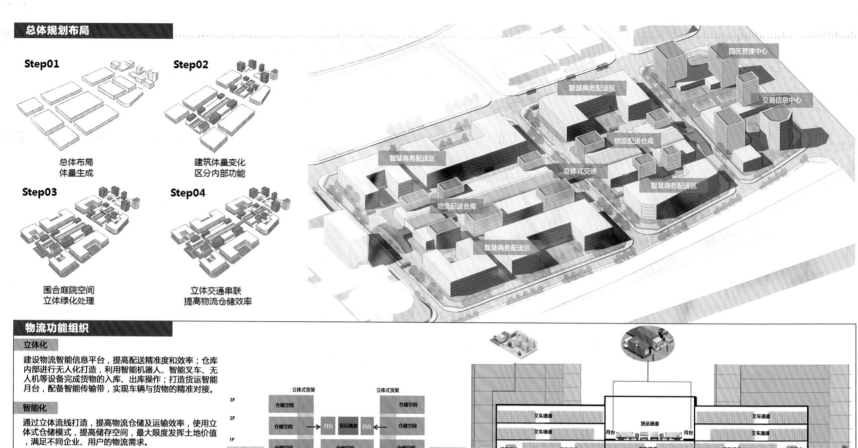

Step01

总体布局
体量生成

Step02

建筑体量变化
区分内部功能

Step03

围合庭院空间
立体绿化处理

Step04

立体交通串联
提高物流仓储效率

园区管理中心

交易信息中心

智慧商务配送区

物流配送仓库

立体式交通

智慧商务配送区

智慧商务配送区

物流配送仓库

智慧商务配送区

物流功能组织

立体化

建设物流智能信息平台，提高配送精准度和效率；仓库内部进行无人化打造，利用智能机器人、智能叉车、无人机等设备完成货物的入库、出库操作；打造货运智能月台，配备智能传输带，实现车辆与货物的精准对接。

智能化

通过立体流线打造，提高物流仓储及运输效率，使用立体式仓储模式，提高储存空间，最大限度发挥土地价值，满足不同企业、用户的物流需求。

全局鸟瞰图

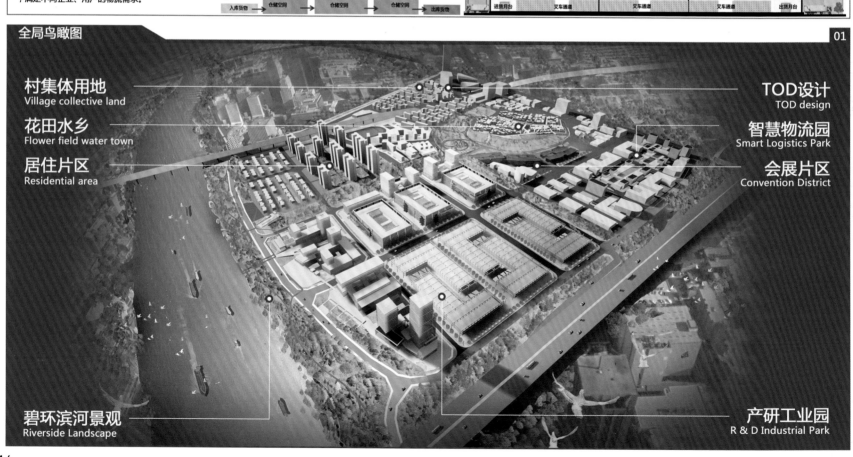

村集体用地
Village collective land

花田水乡
Flower field water town

居住片区
Residential area

TOD设计
TOD design

智慧物流园
Smart Logistics Park

会展片区
Convention District

碧环滨河景观
Riverside Landscape

产研工业园
R & D Industrial Park

村居更新改造设计

设施
交通组织
生态停车场建设
公共服务设施完善
户外休闲文体活动广场

景观
开放空间升级
活动场所提升
景观花田
街巷景观升级

文化
艺术文创空间
展厅
祠堂空间重塑
传承延续

业态
农家乐
民宿农庄
花田参观
小型商业
引领升级

结构分析图

景观结构图

平面图 1:2000

会展及村集体用地

传统祠堂空间形制重塑，延续村居文脉

村集体用地设计

1、打造街道绿化空间
（1）小型开放绿化空间，街角公园
（2）网络式绿化

2、创建服务设施体系
增加活力设施，在街道中添加智能设施、空间构筑物等活力微设施，与街道边界空间进行结合，为居民提供高效便捷的公共服务。

3、激活街道公共空间
合理利用街道空间，设置构筑物、凉亭、座椅，适度扩大步行空间范围。

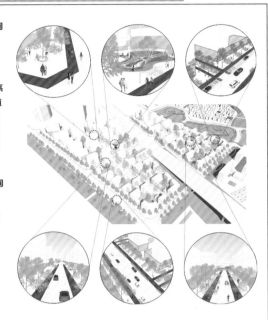

功能组织

重组空间，升级产业，优化景观

文化服务轴
商业服务轴
景观轴
开放空间景观节点

空间结构分析

在各个活动节点置入服务设施与服务站：增加游客游览便捷性，同时服务村内游客，关怀老年儿童等弱势群体。

沿村内水系打造特色商业街：增加村内收入，同时弥补村内商业服务业的不足。

商业
文化
道路
宗教

功能与道路分析

打造文化活动中心：增加村内收入，同时弥补村内商业服务业的不足。

在历史文建筑周边开放空间：为本地文化活动留出展示空间和参与空间，使文化更好地传承。

置入公共活动空间：丰富村内活动空间，促进人文交流与提升人居环境。

花田：花卉景观与小规模生产。

商业
文化
居住
宗教
水系
绿地

功能分区分析

活动空间

设置多样活动空间，满足不同人群需求

司形态分析

街巷空间及文化活动

传统祠堂空间形制重塑，延续村居文脉

传统节庆

	春 Spring	夏 Summer	秋 Autumn	冬 Winter

多功能沿水系商业，打造宜人步行街

1-1剖面分析图 1:300

会展-花田水乡中心景观效果图

自然徒步　自然观景　自然教育

垂钓

花田漫步　浅溪戏水

日常户外活动　骑行

野营

休憩消费

滨水节点设计

打造兼具生态效益、观赏效果、活动丰富的岭南水乡河涌空间

岭南水乡风貌区——节点A 村落西侧河涌改造设计

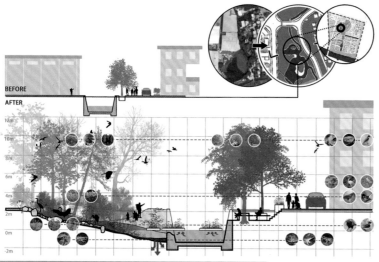

打造人与自然共生的核心观景平台

自然生态景观区——节点A 湿地观景栈道设计

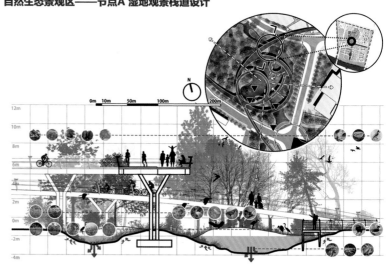

以鱼塘为基础湿地化改造跳板式栖息地

岭南水乡风貌区——节点B 鱼塘湿地化改造设计

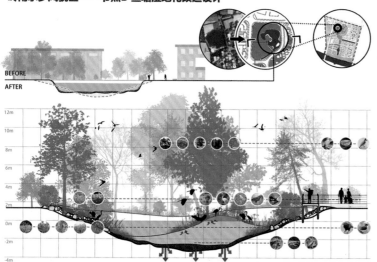

拓宽入河口空间，打造生态自然、活动丰富的滨水景观带节点

堆石溪流景观区——节点A 入河口改造设计

滨河堤岸景观设计

根据潭州水道水位变化特点，打造高物种多样性的弹性生态河堤空间

设计强度随各级洪水标高降低逐级递减，形成绿色生态河滨滨水空间。
受每日潮汐涨落影响，水位变化频次高，通过地形改造疏浚形成水道，恢复水陆交汇的河滩生境。标高0.94m以下的滩涂，标高0.94～3.94m的堤岸护坡基础，改良土壤，配置半湿生植物。标高3.94m以上河堤，种植灌木、布置台阶栈道等设施，6.32m以上用地按照常规公共绿地设计。

1、屋顶花园
2、云道平台
3、碧环绿道节点
4、休息等候平台
5、码头
6、林中小屋
7、滩涂鸟岛

N

0m 20m 100m 200m 400m

根据潭州水道水位变化特点，打造高物种多样性的弹性生态河堤空间

河堤改造标准段设计示意

0.58～3.94m淹没地
常水位至
多年平均洪水位之间用地

0.58m淹没地
常水位以下用地

3.94～6.32m淹没地
多年平均洪水位至
100年一遇洪水位之间用地

通过灵活多样的高差处理方案，创造丰富的活动空间满足市民需求

打造三龙湾碧环绿道节点，通过灵活多样的高差处理方案，创造丰富的活动空间满足市民需求。

林下活动空间 坡地花园 绿道 林中小屋
1-1剖面 缓坡处理高差

滨水图书馆 商业街 咖啡厅 屋顶花园 绿道
2-2剖面 覆土建筑处理高差

高新研发工业园 屋顶花园 商业街 绿道及观景平台
3-3剖面 云道及平台处理高差

林下空间设计

设计从平台"向下生长"的树屋构筑，充分观赏自然湿地群落景观

湿地的乔灌草植被茂盛，难以观赏鸟类活动。   用竖向线条和乔木枝叶作掩护观赏水禽和湿地景观。

运用乡土树种无林地造林，改造地力，后续补种景观树种，布置设施

运用乡土树种无林地造林，改造地力，采伐长势较差植株。后续补种景观树种，布置设施。

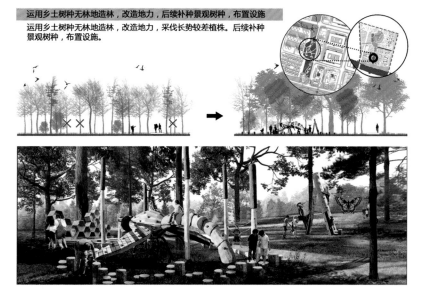

昆明理工大学

Kunming University of Science and Technology

刘光辉

感想：南粤杯6+1联合毕设是一次宝贵的交流机会，作为参与者，我对六校同学们绽放的思维火花印象深刻，虽然过程很累很辛苦，但我还是很庆幸自己加入了这个大家庭。很感谢广东省城乡规划设计研究院有限公司和六校的老师们对我们联合毕设的组织与支持。下次见面时，都要成为更好的自己。

李　朗

时间如白马过隙，联合毕设转眼便要结束了。在这次毕设经历了佛山调研时淋的大雨、昆明夜晚的排练，如今仍然历历在目。往回想，有熬夜画图的辛苦、有组员间激烈的讨论；没有思路时停滞的痛苦，也有方案有所进展时的欣喜。整个毕设是困难的，是艰辛的，但我们与大家都一起度过了这段时光，希望大家在未来也不要输给人生中的困难。

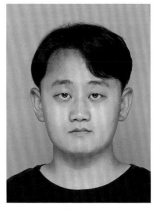

张　理

学如逆水行舟，不进则退。这次毕业设计是整个大学生涯中要求最严、最全面的设计，经过这次毕业设计，自身得到了非常多的锻炼，取得了喜人的进步。再次感谢项振海老师和陈桔老师，还有其他5校老师的指导与意见，同时也感谢我的组员们，一起齐心协力，齐头并进地完成了这次毕设，再次让我感受到了合作的快乐与魅力，相信这次毕设能给我的大学生涯画上一个完满的句号。

陈加明

时光荏苒，转眼又到了说分别的时候。有幸在大学生涯的最后时刻能成为"南粤杯"大家庭的一员，能在短短的三个月里和大家一起共同成长，我们体验了付出的辛劳，同样也体验了收获的快乐。感谢项老师、陈老师的悉心教导和六校师生以及广东省规院的大力支持，这段时间将成为我最珍贵的回忆。愿有前程可奔赴，亦有青春可回首。

赵　钰

激动！是的，激动，有幸能够得到老师们的指导，能够与各高校的同学来一场博弈，能够与同学酣畅淋漓地合作，是真的激动人心的。在整个毕业设计过程中，我怀揣着满腔热血，享受着每一次做作业时的投入，在与大家的合作过程中，我们互帮互助，为了共同的目标，向着共同的方向挺进。每一次达到目标，都有莫大的幸福感，每一次完成任务，都感受到了自己的价值。

在这里，我很荣幸能加入到这次活动中，也很高兴与大家共同成长。

李　青

学贵得师亦贵得友，毕业设计过程中，感谢广东省院给我们提供了宝贵的学习机会，感谢六校每位老师在毕设过程中悉心地指导和提出宝贵的意见。也很高兴认识了很多的同学在互相学习中得到了提升。于此，敢求以一言致之，感激之情，心中无可磨灭。

织廊环城、沿涌共生

——佛山市三龙湾会展北区城市更新规划设计

指导老师：项振海 陈桔

作　　者：刘光辉 李朗 陈加明 张理 赵钰 李青

学　　校：昆明理工大学

■ 概念解析

[立新 聚芯 融心]

努力将三龙湾建设成为面向全球的先进制造业创新高地、珠江西岸开放合作标杆、广佛融合发展引领区和高品质岭南水乡之城。明确"以城市更新为抓手"完善城市治理体系，提高城市治理能力，鼓励市场参与"微更新"改善老城区、旧村、旧工厂环境，加强历史保护。

基于场地特色的的前期分析

织廊环城 沿涌共生

■ 区位分析

位于大湾区门户中心，一小时内直达大湾区主要城市

场地位于潭洲会展北岸，北接陈村花卉世界，南临潭洲水道。用地规模约2.1平方千米。三龙湾区域地处广佛交界、毗邻广州南站，区位优势得天独厚。未来在大湾区政策背景下广佛联系更加紧密，可由"广佛同城"向"广佛同心"转变，"佛山制造"向"佛山智造"转变。

■ 历史沿革

历经千年，陈村从洲岛到城镇，从海洋变良田，农耕文明与围垦精神彰显

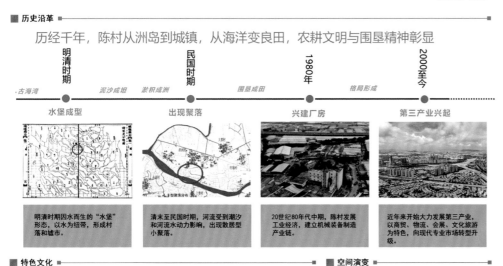

明清时期因水而生的"水堡"形态，以水为纽带，形成村落和城市。

清末至民国时期，河流受到潮汐和河流水动力影响，出现散居型小聚落。

20世纪80年代中期，陈村发展工业经济，建立机械装备制造产业链。

近年来开始大力发展第三产业，以商贸、物流、会展、文化旅游为特色，向现代专业市场转型升级。

■ 上位规划

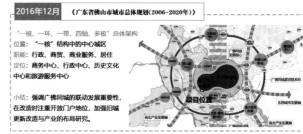

2016年12月　《广东省佛山市城市总体规划（2006-2020年）》

"一核、一环、一带、四轴、多极"总体架构
位置："一核"结构中的中心城区
职能：行政、商贸、商业服务、居住
定位：商务中心、行政中心、历史文化中心和旅游服务中心

小结：强调广佛同城的联动发展重要性，在改造时注重开放门户地位，加强旧城更新改造与产业的布局研究。

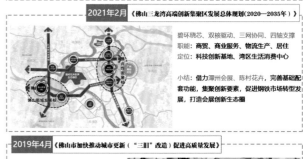

2021年2月　《佛山三龙湾高端创新集聚区发展总体规划（2020—2035年）》

碧环绕芯、双核驱动、三网协同、四轴支撑
职能：商贸、商业服务、物流生产、居住
定位：科技创新基地、湾区生活消费中心

小结：借力潭洲会展、陈村花卉，完善基础配套功能，集聚创新要素，促进钢铁市场转型发展，打造会展创新生态圈

2019年4月　《佛山市加快推动城市更新（"三旧"改造）促进高质量发展》

"两创新三支持四强化"
目的：解决三旧改造进入库门槛高、规划调整难、税费负担重、土地征拆难等重点难点堵点问题
措施：整体连片改造、降低用地成本、优化利益分配

小结：合理安排公共用地，协调旧城风貌加强历史文化保护，实现经济、社会、文化及生态等综合效益。

■ 特色文化

顺德饮食文化源远流长，清末年间就有"食在广东，厨出凤城"的谚语，顺德几乎凝聚了全广东的美食精华。

佛山是"南国红豆"粤剧的发源地。诞生了粤剧艺人的代称——"红船子弟"和粤剧最早的戏行组织——琼花会馆。

佛山是珠江三角洲民间艺术的摇篮，孕育并保留了秋色、醒狮、舞龙、龙舟说唱、龙舟竞渡等大量体现岭南文化精神的民间艺术及民俗事象。

■ 空间演变

场地兴起：潭洲水道之旁村庄建立，河涌汇集之地农业兴起，工业时代村村点火、户户冒烟的记忆……

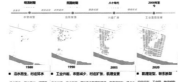

土地利用现状

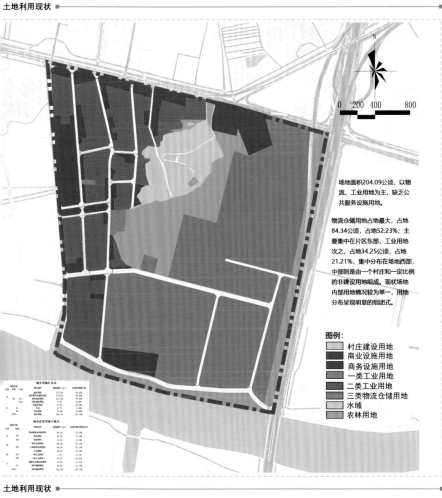

场地面积204.09公顷，以物流、工业用地为主，缺乏公共服务设施用地。

物流仓储用地占地最大，占地84.34公顷，占地52.23%；主要集中在片区东部，工业用地次之，占地34.25公顷，占地21.21%，集中分布在场地西部，中部则是由一个村庄和一定比例的非建设用地组成。现状场地内部用地情况较为单一，用地分布呈现明显的组团式。

图例：
- 村庄建设用地
- 商业设施用地
- 商务设施用地
- 一类工业用地
- 二类工业用地
- 三类物流仓储用地
- 水域
- 农林用地

■ 建筑现状分析

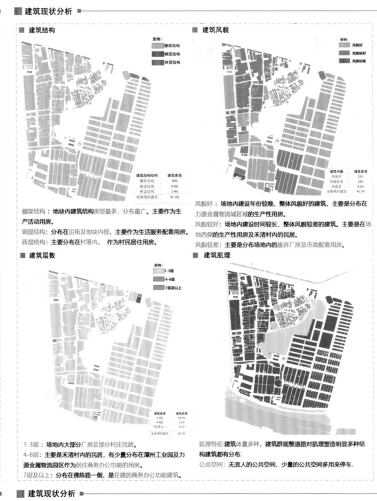

■ 建筑结构

图例：
- 棚架结构
- 钢混结构
- 砖混结构

棚架结构：地块内建筑结构类型最多，分布最广。主要作为生产活动用房。

钢混结构：分布在沿街及地块内部，主要作为生产服务配套用房。

砖混结构：主要分布在村落内，作为村民居住用房。

■ 建筑层数

图例：
- 1-3层
- 4-6层
- 7层及以上

1-3层：场地内大部分厂房及部分村庄民居。

4-6层：主要是禾渚村内的民居，有少量分布在潭州工业园及力源金属物流园区作为居住商务办公功能的用房。

7层以上：分布在佛陈路一侧，是在建的商务办公功能建筑。

建筑风貌

图例：
- 风貌好
- 风貌较好
- 风貌较差

风貌好：场地内建设年份较晚，整体风貌好的建筑，主要是分布在力源金属物流城区域的生产性用房。

风貌较好：场地内建设时间较长，整体风貌较差的建筑。主要是在场地西侧的生产性用房及禾渚村内的民居。

风貌较差：主要是分布场地内的废弃厂房及市改配套用房。

■ 建筑肌理

肌理特征：建筑体量多种，建筑群规整道路对肌理塑造明显多种结构建筑都有分布。

公共空间：无宜人的公共空间、少量的公共空间多用来停车。

土地利用现状

[区域交通现状分析]

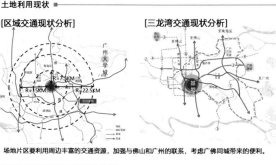

场地片区要利用周边丰富的交通资源，加强与佛山和广州的联系，考虑广佛同城带来的便利。

[潭州会展北片区交通现状分析]

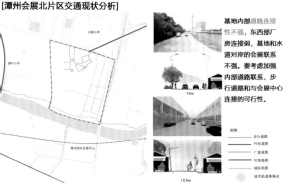

基地内部道路连接性不强，东西部厂房连接弱，基地和水道对岸的会展联系不强。要考虑加强内部道路联系，步行道路和与会展中心连接的可行性。

[三龙湾交通现状分析]

[公园服务范围分析]

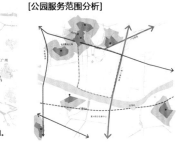

[幼儿园服务范围分析]

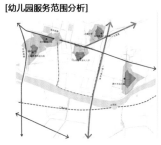

■ 建筑现状分析

[公交车站服务范围分析]

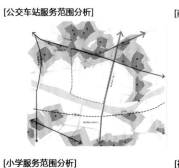

[商场服务范围分析]

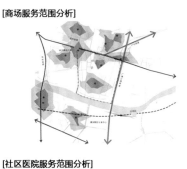

[小学服务范围分析]

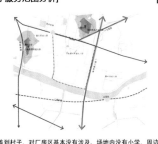

[社区医院服务范围分析]

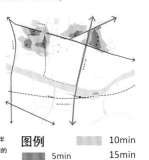

场地内缺少公园、公园集中在花卉世界周边。公交车站只覆盖到村子，对厂房街区基本没有涉及。场地内没有小学，周边小学服务半径也无法涉及到场地内也没有卫生站，医疗服务设施缺乏，在后续设计时要考虑场地定位，增设相应的设施，完善15分钟生活圈的服务要求。

图例
- 5min
- 10min
- 15min

■ 产业现状

场地内多为传统产业，优质企业较少

场地内产业主要以金属物流、金属加工为主，企业数量多，规模小。优质企业少，税收少，经济效益低。

企业种类POI条数

整体产业用地
1386106平方米
规模园区用地
867506平方米

用地面积占比分析图(%)

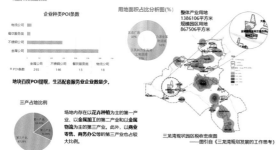

地块百度POI提取，生活配套服务业企业数量少。

三产占地比例

场地内存在以花卉种植为主的第一产业，以金属加工的第二产业以及金属物流、商务办公等的第三产业也占较大比例。

三龙湾现状产业园区税收变图
——图引自《三龙湾规划发展的工作思考》

场地现状产业与村庄居民之间有复杂的关系。

场地内产业为居民和地方政府带来了经济收益和外来人口红利，但场地内的金属物流产业以及金属加工产业产生的噪音污染、污水污染等对场地内的人居环境造成了破坏。

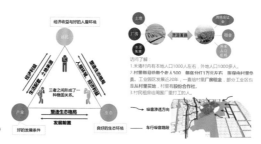

访问了解:
1.天渎村内有本地人口1000人左右、外地人口1000多人。
2.村里每给每个人500、能够分红1万元左右，能保证村里租房子盖、工业区发展近20年，一直依靠厂房租金，部分工业区也是从村里里房租。村里有股份合作社。
3.村民组建点园里厂里打工的人。

场地所在的三龙湾产业将迎来转型升级。

三龙湾未来将构建以科技创新为支撑、先进制造业与战略性新兴产业为主体、生产性服务业相配套的现代产业体系。场地需要配合上位产业规划，更好地服务于上位。

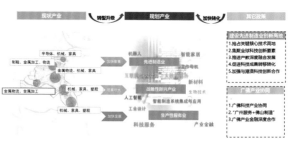

建设先进制造业创新高地
1.抢占关键核心技术高地
2.集聚全球科技创新要素
3.推进科技深度融合发展
4.促进科技成果转移转化
5.加强与湾区科技创新合作

广佛产业协同
1.广佛产业协同
2.广州服务+佛山制造
3.广佛产业金融深度合作

■ 问题总结

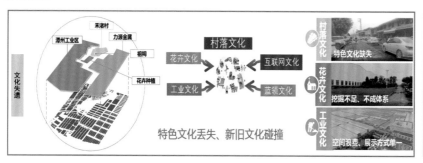

特色文化丢失、新旧文化碰撞

产业低质低效，环境不友好

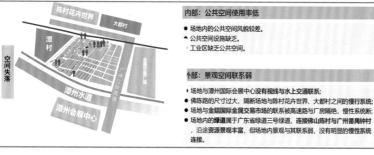

内部：公共空间使用率低
● 场地内的公共空间风貌较差。
▲ 公共空间设施缺乏。
■ 工业区缺乏公共空间。

外部：景观空间联系弱
■ 场地与潭州国际会展中心没有视线与水上交通联系；
■ 佛陈路的尺寸过大，隔断场地与陈村花卉世界、大都村之间的慢行系统；
■ 场地与金铝园金属交易路的联系被高速路与河网隔离，慢性系统弱；
■ 场地内的绿道属于广东省绿道三号绿道，连接佛山陈村与广州番禺钟村，沿途资源景观丰富，但场地内景观与其联系弱，没有明显的慢性系统连接。

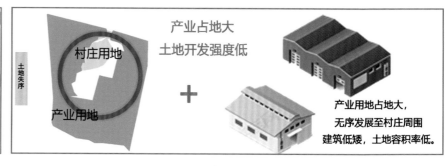

产业用地占地大，无序发展至村庄周围建筑低矮，土地容积率低。

■ SWOT定位

SWOT分析：现状

■ 区位优势突出：粤港澳湾区几何中心，一小时直达大湾区主要城市。
■ 景观资源优越：潭洲水道水质条件良好，河涌环绕，资源本底良好。
■ 片区科研依托：依托三龙湾科技研发区的科技研发功能

■ 政策红利优厚：粤港澳大湾区规划将促进三龙湾高速发展；三旧改造规划将助力片区更新。
■ 市场前景广阔：双循环新发展格局下三龙湾创新、智造产业市场空间将进一步放大。

■ 现状产业附加值低：厂房众多，但产出低质低效
■ 现状矛盾尖锐：人居环境与现状产业、落后的基础设施之间矛盾，亟待解决
■ 景观联系薄弱：潭州水道虽然经过村庄周边，但村庄被厂房包裹，与河流景观发展背离。

■ 场地吸引力缺乏：场地吸引力不足，新兴产业与人才、企业入驻困难
■ 利益平衡复杂：政府、开发商、村民三者立即平衡，改造面临多方挑战。

SWOT战略矩阵：方向

外部环境＼内部条件	优势Strength 交通区位优势 景观资源优势	劣势Weakness 现状产业附加值低 场地矛盾尖锐 景观联系薄弱
机遇Opportunity 政策红利优厚 市场前景优厚 片区科技依托	SO战略 以先进技术为引领：大力发展创新产业，提高产业科技附加值	WO战略 以政策优势为基础：推进改造建设，平衡多方利益
挑战Threat 场地吸引力缺乏 利益平衡复杂	ST战略 以岭南水乡文化为基因：塑造"人-乡-产"交融的魅力多元人居社区	WT战略 以清洁绿色为标准：建立人水共生、清洁绿色的生态片区

规划理念与愿景　Planning concept and vision

概念引入

利益复杂交织　生态关联断裂　产业亟待升级

价值共享　人地共荣　产业共振

多元群体共享廊　多样生态共融廊　多种产业共振廊

多元群体共享廊	多样生态共融廊	多种产业共振廊
激发区域潜力 + 平衡三方利益 + 控制开发成本 + 提升总体价值 = 利益共享	共享生活营造 + 多元文化发掘 + 水城互动 + 绿廊编织 = 人地共荣	科研与产业协作 + 产业与产业合作 + 产业与人群互吸 = 产业共振

利益难以协调　改造难以进行　生态联系断裂　人居环境失落　产业低质低效　环境不亲和

我们如何解决基地问题？
我们期待怎么样的未来？

三方利益协同　改造成本控制　生态连廊再造　人居环境塑造　科技产业协作　绿色可持续

建立价值提升、利益共享、生态繁荣、产业高效的宜居宜业片区

产业价值提升

案例借鉴

南海区大沥创客小镇

核心产业：

全球合作板块	金融服务板块	泛家居板块	试产服务板块	产业升级板块	众创空间板块
•德国工业4.0资源池 •工业互联网全球产业联盟 •国际孵化技术创新专化企业	•金融服务企业 •专业机构 •IT外包机构	•复合办公研发 •智能制造轻定制产线 •展示及营销中心	•华南工业互联网集成创新平台 •数字化生产线研发中心 •数控系统研发平台	•系统集成及虚拟调试服务商 •物联网及建材制造 •人工智能及大数据服务	•智能硬件小微创业企业 •智能软件小微创业企业 •中小智能软硬件孵化器企业

发展模式借鉴(1)：发展实体经济：打造产业主体清晰、功能配套完善的产业综合体
混合开发模式：通过"出让+出租"、"国有+集体"、"居住+产业"混合开发的方式引入社会资本进行建设

佛山天安数码城

数字化园区、智能体系
智能IT设施
科技成果展示、架构市场对话专属通道
多功能会所、商务交流中心
总部经济、聚集效应
亲水园林式景观、绿化水系架空层

园区10+N创新服务平台
园区功能

佛山天安数码城依托独特的区位及配套优势，打造10+N创新服务平台，发展文化创意产业、高端服务产业、建筑设计产业跨境电商等产业，不断提升园区服务水平和活力。

M0科创产业为龙头
结合潮州国际会展创新圈科技创新核发展美的库卡智能制造产业基地的机会，基地内发展智能机器人、智能家电等科技产业，推动南部科研创新核及顺德家电企业数字化转型。

中小企业优质孵化
基地靠近佛山市新城、众多创新基地，为中小企业提供优质便利的孵化环境，加速创新要素聚集，带动产业转型。

第三产业繁荣
在基地内发展生活服务业，商务服务业，商业服务基地及周边片区不同人群，商务服务业服务基地内企业。

M0科创产业	智能机器人	智能机器人		零件设计
	智能家电	智能家电	智能制造系统	
	文化创意		动漫游戏	文化展览	广告	设计
中小企业孵化	软件	软件研发	外包设计	
	信息服务		数字化服务	信息服务
第三产业	生活性服务业	零售餐饮	酒店公寓	文化娱乐
	生产性服务业	中介服务	广告传媒	人力资源	法律咨询

人居环境提升

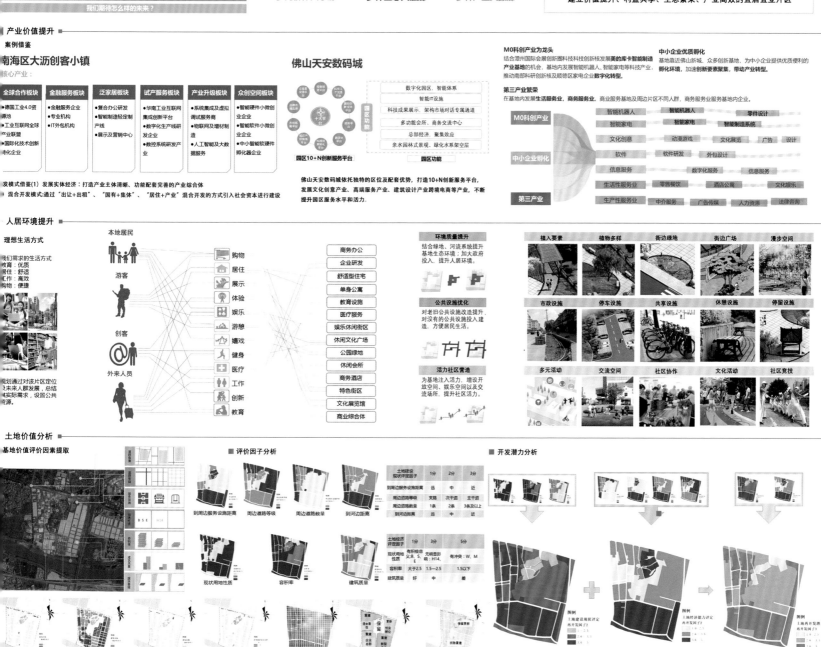

理想生活方式

我们所需求的生活方式
教育：优质
居住：舒适
工作：高效
购物：便捷

规划通过对该片区定位与未来人群发展，总结其实际需求，设置公共资源。

本地居民　游客　创客　外来人员

购物　居住　展示　体验　娱乐　游憩　嬉戏　健身　医疗　工作　创新　教育

商务办公　企业研发　舒适型住宅　单身公寓　教育设施　医疗服务　娱乐休闲街区　休闲文化广场　公园绿地　休闲会所　商务酒店　特色街区　文化展览馆　商业综合体

环境质量提升
结合绿地、河流系统提升基地生态环境；加大政府投入，提升人居环境。

公共设施优化
对老旧公共设施改造提升，对没有公共设施投入建造，方便居民生活。

活力社区营造
为基地注入活力，增设开放空间、娱乐空间以及交流场所，提升社区活力。

植入要素　植物多样　街边绿地　街边广场　漫步空间
市政设施　停车设施　共享设施　休憩设施　停留设施
多元活动　交流空间　社区协作　文化活动　社区竞技

土地价值分析

基地价值评价因素提取

■ 评价因子分析

土地建设现状评定因子	1分	2分	3分
到周边服务设施距离	远	中	近
周边道路等级	支路	次干道	主干道
周边道路数量	1条	2条	3条及以上
到河流距离	远	中	近

土地经济能力评定因子	1分	3分	5分
现状用地性质	有权属争义:B、S、等	无确权:H14、等	有冲突:W、M
容积率	大于2.5	2.5—2.5	1.5以下
建筑质量	好	中	差

到周边服务设施距离　周边道路等级　周边道路数量　到河流距离

现状用地性质　容积率　建筑质量

■ 开发潜力分析

土地建设现状评定　＋　土地经济能力评定　➡　土地再开发潜力

建筑结构　建筑风貌　建筑层数　建筑保留意向　用地综合评价　分区改造更新　改造意向

■ 土地利用规划 ■

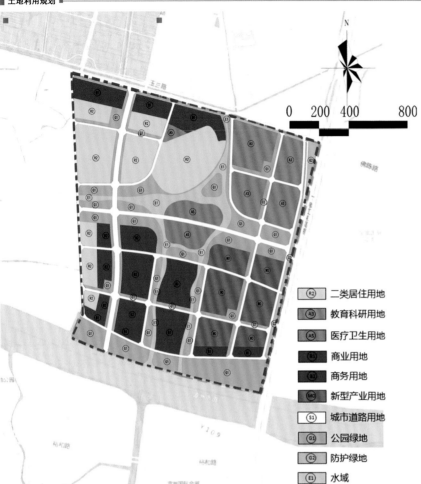

城乡用地汇总表

用地性质				规划用地	
用地代码			用地名称	用地面积 / hm²	占城乡用地比例
大类	中类	小类			
			建设用地	194.08	94.72%
H	H1		城乡居民点建设用地	194.08	94.72%
		H11	城市建设用地	194.08	94.72%
E	E1		非建设用地	10.82	5.28%
			水域	10.82	5.28%
合计			城乡用地	204.90	100.00%

城市建设用地平衡表

用地性质		规划用地	
用地代码		用地名称	用地面积 / hm²	占城市建设用地比例
大类	中类			
R		居住用地	31.08	16.01%
	R2	二类居住用地	31.08	16.01%
A		公共管理与公共服务用地	25.57	13.17%
	A3	教育科研用地	18.12	9.33%
	A5	医疗卫生用地	7.45	3.84%
B		商业服务业设施用地	35.57	18.33%
	B1	商业用地	22.35	11.52%
	B2	商务用地	13.22	6.81%
M		工业用地	19.78	10.19%
	M0	新型产业用地	19.78	10.19%
S		道路与交通设施用地	18.60	9.58%
	S1	城市道路用地	18.60	9.58%
G		绿地	47.01	24.22%
	G1	公园绿地	43.98	22.66%
	G2	防护绿地	3.03	1.56%
合计		城市建设用地	194.08	100.00%

图例：
- R2 二类居住用地
- A3 教育科研用地
- A5 医疗卫生用地
- B1 商业用地
- B2 商务用地
- M0 新型产业用地
- S1 城市道路用地
- G1 公园绿地
- G2 防护绿地
- E1 水域

■ 土地开发强度 ■

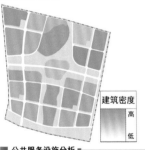

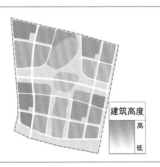

建筑密度 高 低

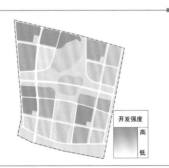

建筑高度 高 低

开发强度 高 低

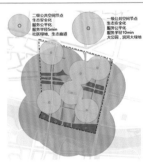

■ 公共服务设施分析 ■

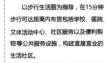

以步行生活圈为指导，在15分钟步行可达距离内布置包括学校、医院、文体活动中心、社区服务以及便利购物等公共服务设施，构建宜居宜业的生活社区。

公共空间等级根据其服务范围分为一级、二级公共空间节点，大空间绿地是一级空间，服务范围10分钟生活圈，绿廊及空间节点是二点是二级公共空间，服务范围5分钟生活圈。

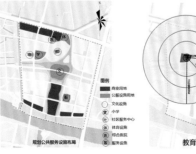

规划公共服务设施布局

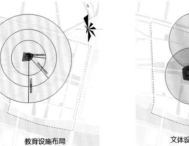

教育设施布局

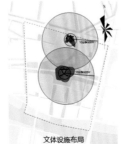

文体设施布局

公共管理服务布局

医疗设施布局

佛山市三龙湾会展北区城市更新规划 「南粤杯」6+1联合毕业设计竞赛

综合交通规划

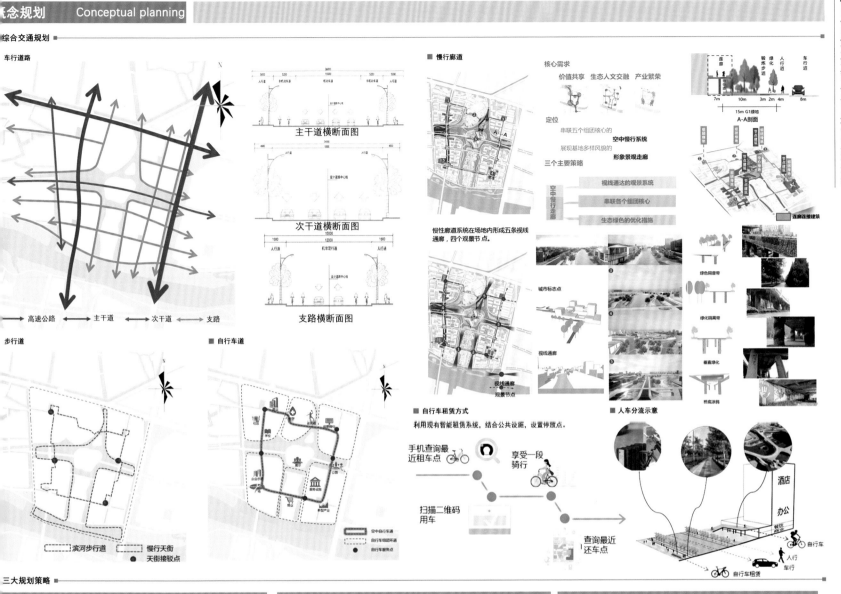

车行道路

主干道横断面图

次干道横断面图

支路横断面图

高速公路　主干道　次干道　支路

步行道

滨河步行道　慢行天街　天街接驳点

■ 自行车道

空中自行车道　自行车组团环道　自行车服务点

■ 慢行廊道

核心需求

价值共享　生态人文交融　产业繁荣

定位

串联五个组团核心的 空中慢行系统

展现基地多样风貌的 形象景观走廊

三个主要策略

视线通达的观景系统

串联各个组团核心

生态绿色的优化措施

慢性廊道系统在场地内形成五条视线通廊，四个观景节点。

城市标志点

视线通廊

视线通廊　观景节点

■ 自行车租赁方式

利用现有智能租赁系统，结合公共设施，设置停放点。

手机查询最近租车点

扫描二维码用车

享受一段骑行

查询最近还车点

■ 人车分流示意

自行车　人行　车行　自行车租赁

A-A剖面

15m G1绿地

连廊连接建筑

三大规划策略

利益与价值共享

多元合作、促进基地综合价值的提升

科技与产业共振

引入培育多种产业，基地产业转型升级

微型创意孵化产业

中小创新企业

机器人、智能家电产业

生态与人文共融

建设舒适宜人的人居环境

■ 利益与价值共享

■ 整体构思框架

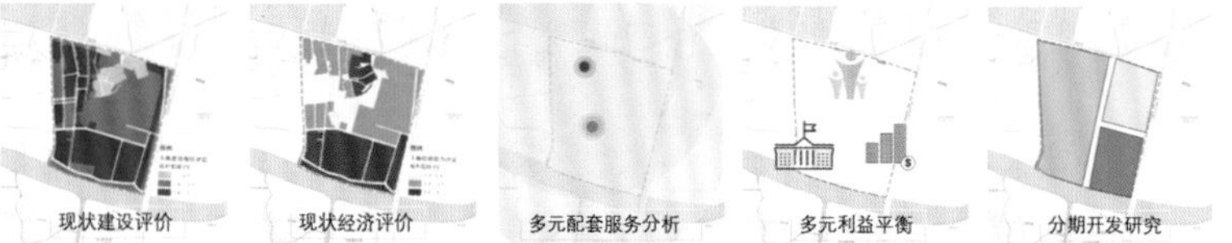

现状建设评价：现状用地在综合分析，评价用地建设情况。

现状经济评价：经济分析测算，促进低成本、高效益开发。

多元配套服务分析：考虑基地、潭州会展以及陈村花卉市场服务配套。

多元利益平衡：平衡多方利益，达成互利共赢的和谐景象。

分期开发研究：遵循利于实际操作与价值最大化。

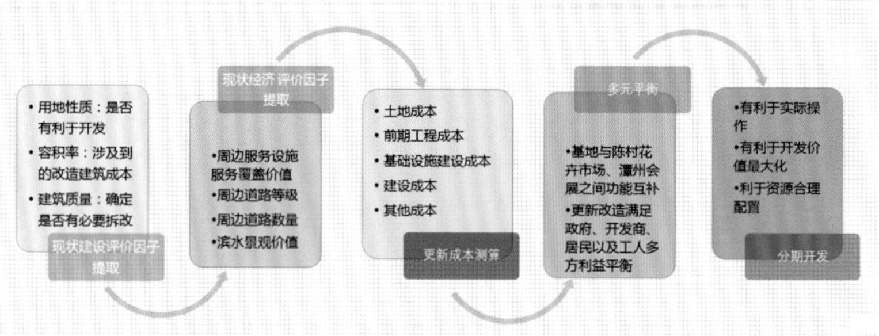

• 用地性质：是否有利于开发
• 容积率：涉及到的改造建筑成本
• 建筑质量：确定是否有必要拆改
现状建设评价因子提取
现状经济评价因子提取
•周边服务设施服务覆盖价值
•周边道路等级
•周边道路数量
•滨水景观价值
• 土地成本
• 前期工程成本
• 基础设施建设成本
• 建设成本
• 其他成本
更新成本测算
多元平衡
•基地与陈村花卉市场、潭州会展之间功能互补
•更新改造满足政府、开发商、居民以及工人多方利益平衡
•有利于实际操作
•有利于开发价值最大化
•利于资源合理配置
分期开发

■ 多元统筹、分散更新

统筹政府、市场以及居民多方，结合基地现状，制定合理的更新方式。

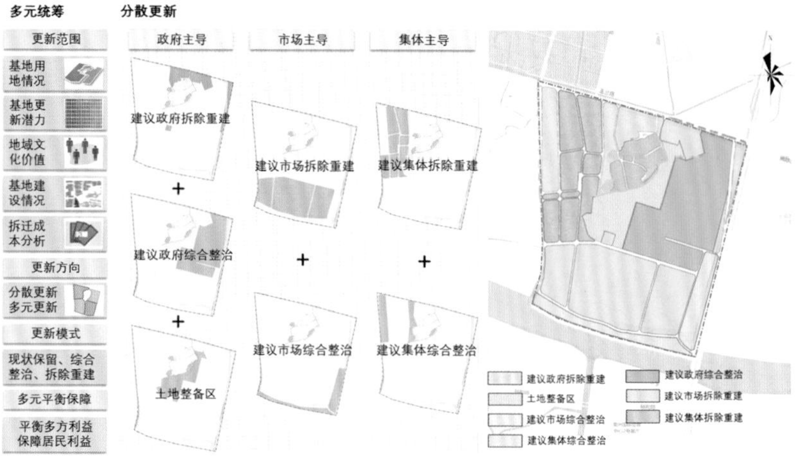

多元统筹
分散更新
更新范围
基地用地情况
基地更新潜力
地域文化价值
基地建设情况
拆迁成本分析
更新方向
分散更新多元更新
更新模式
现状保留、综合整治、拆除重建
多元平衡保障
平衡多方利益保障居民利益
政府主导
市场主导
集体主导
建议政府拆除重建
建议政府综合整治
土地整备区
建议市场拆除重建
建议市场综合整治
建议集体拆除重建
建议集体综合整治
建议政府拆除重建
土地整备区
建议市场综合整治
建议集体综合整治
建议政府综合整治
建议市场拆除重建
建议集体拆除重建

■ 更新措施

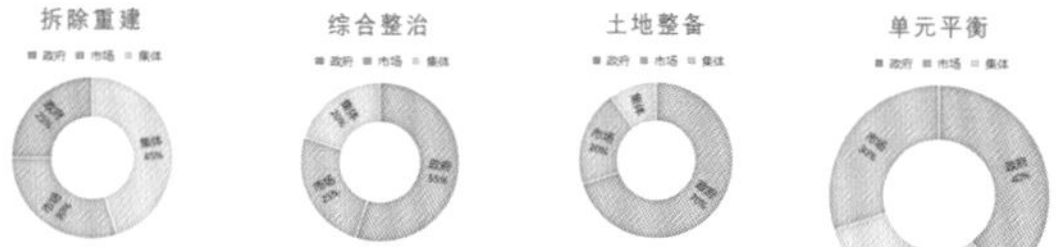

拆除重建
综合整治
土地整备
单元平衡

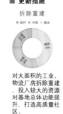

对大面积的工业、物流厂房拆除重建，投入较大的资源对基地总体功能提升，打造高质量社区。

对整体状况较好、有改造利用价值的建筑综合整治，重塑空间环境以及整体面貌。

对基地内暂未有效利用的土地进行征收整备，释放一定的开发量。

以组团为基本单位，进行总体利益统筹，对不同的组团采用不同的更新方式，对组团的主体更新边界以及更新范围做出调整，确保组团更新得以实现。

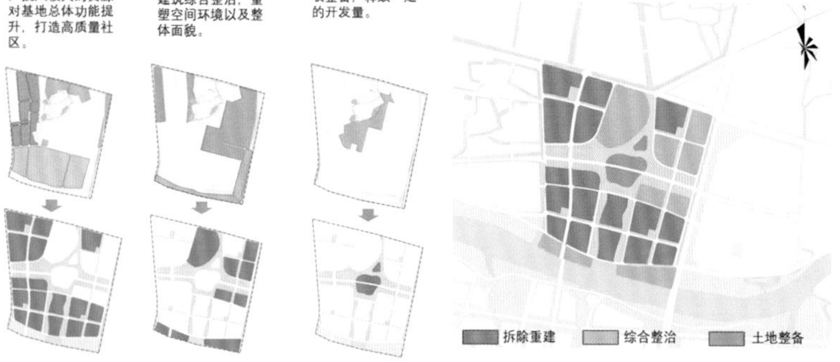

拆除重建
综合整治
土地整备

■ 多元平衡、统筹发展

按照不同片区的发展要求以及功能排布，将片区分为价值提升型统筹片区、服务提升型统筹片区、活力提升型统筹片区、基础设施保障型统筹片区四类片区进行分区设计。

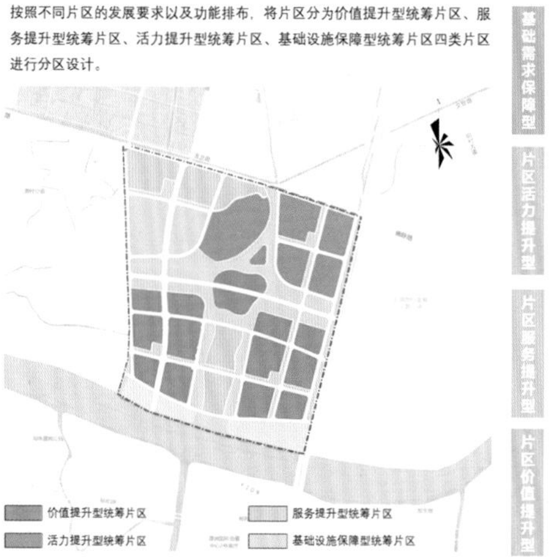

价值提升型统筹片区
服务提升型统筹片区
活力提升型统筹片区
基础设施保障型统筹片区
基础需求保障型
片区活力提升型
片区服务提升型
片区价值提升型

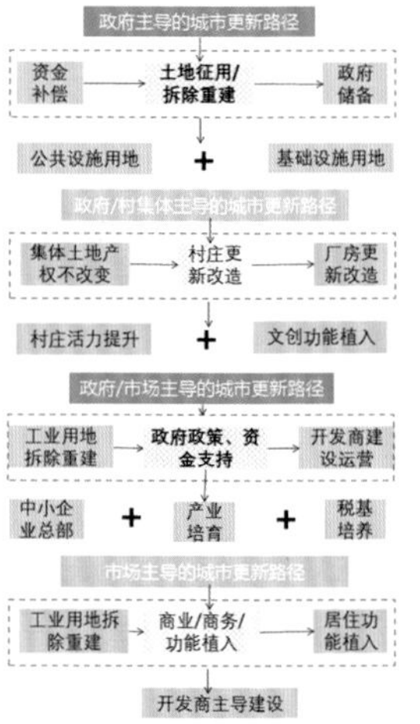

政府主导的城市更新路径
资金补偿
土地征用/拆除重建
政府储备
公共设施用地
基础设施用地
政府/村集体主导的城市更新路径
集体土地产权不改变
村庄更新改造
厂房更新改造
村庄活力提升
文创功能植入
政府/市场主导的城市更新路径
工业用地拆除重建
政府政策、资金支持
开发商建设运营
中小企业总部
产业培育
税基培养
市场主导的城市更新路径
工业用地拆除重建
商业/商务/功能植入
居住功能植入
开发商主导建设

■ 经济成本核算

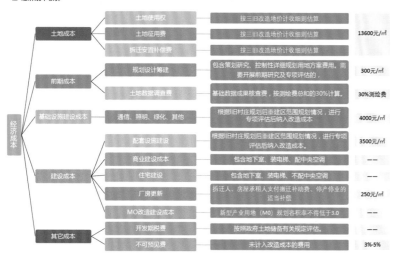

经济成本 — 土地成本	土地使用权	按三旧改造地价计收细则估算	
	土地征用费	按三旧改造地价计收细则估算	13600元/㎡
	拆迁安置补偿费	按三旧改造地价计收细则估算	
前期成本	规划设计筹建	包含策划研究、控制性详细规划用地方案费用。需要开展前期研究及专项评估的，	300元/㎡
	土地数据调查费	基础数据成果核查费，按测绘费总和的30%计算。	30%测绘费
基础设施建设成本	通信、照明、绿化、其他	根据旧村庄规划后重建区范围规划情况，进行专项评估后纳入改造成本	4000元/㎡
建设成本	配套设施建设	根据旧村庄规划后重建区范围规划情况，进行专项评估后纳入改造成本。	3500元/㎡
	商业建设成本	包含地下室、装电梯、配中央空调	——
	住宅建设	包含地下室、装电梯、不配中央空调	——
	厂房更新	拆迁人、房屋承租人支付搬迁补助费、停产停业的适当补偿	250元/㎡
	MO改造建设成本	新型产业用地（M0）规划容积率不得低于3.0	——
其它成本	开发期税费	按照政府土地储备有关规定评估。	——
	不可预见费	未计入改造成本的费用	3%-5%

■ 空间和利益多元共享

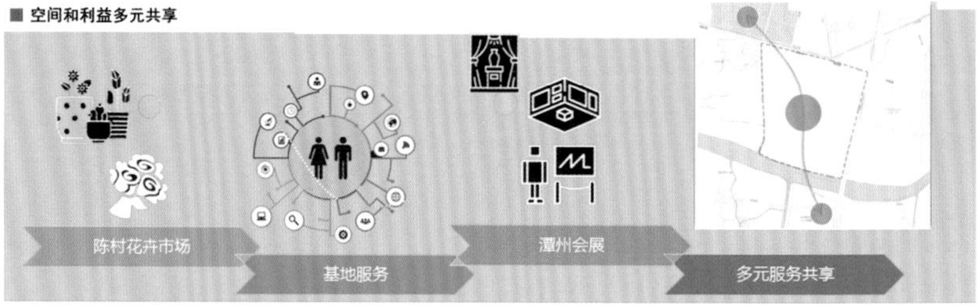

陈村花卉市场
基地服务
潭州会展
多元服务共享

多元利益平衡

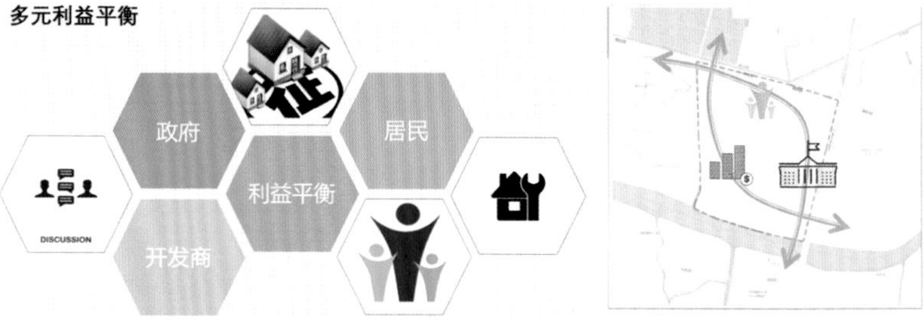

政府
居民
利益平衡
开发商
DISCUSSION

科技与产业共振

构建蓬勃发展的产业之林

产业发展定位

基地在潭州国际创新生态圈中定位为创新转化核，随着三龙湾高端创新集聚区的发展，场地内具有创意创新产业、第三产业的发展环境，**基地内的产业发展目标是以机器人、智能家电产业为主，同时创新创意要素聚集，服务业繁荣的科技创新转化城。**

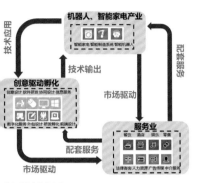

机器人、智能家电产业高地
中小企业创意驱动孵化平台
服务业繁荣的宜居之城

TOD综合商业
依托TOD模式开发的商业片区

微型创新企业
以文化创意、外包设计、创意设计产业为主

中央商业区
以零售、餐饮娱乐等产业为主的商业区

MO科创片区
以智能机器人、智能家电产业为主

中小型创新企业总部
以软件研发、协同设计、数字化服务产业为主

产业多元发展

基地靠近佛山新城，与潭州国际会展中心未来将形成产业协作，在机器人、家电、创新孵化产业等产业的带动下，未来片区的产业发展趋势将是在科创、创意产业稳固时，鼓励产业多元化发展，将基地建设成为潭州国际会展创新生态圈创新转化核。

基地将围绕MO科创产业、创新孵化产业、服务业构建基地产业生态系统。

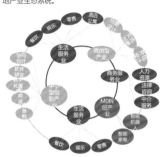

产业门类	产业门类细分	近期	中期	远期	产业发展目标
主导产业	智能机器人	智能机器人零部件设计	√	√	√	近中期重点发展机器人零部件、智能家电产业，中后期两者的智能系统研发与智能装造系统研发，构成地区产业支柱。
		智能机器人系统研发	√	√	√	
	智能家电	智能家电系统研发	√	√	√	
		智能装造系统研发	√	√	√	
	创意设计	动漫游戏		√	√	近期以低成本创新创意活动为主注重企业的孵化培育中后期通过市场整合培育当代代表未来发展趋势的新型企业
		设计		√	√	
		文化展览		√	√	
		广告		√	√	
	软件研发	软件研发		√	√	
		外包设计		√	√	
	信息服务	数字化服务		√	√	
		信息服务		√	√	
服务业	生活性服务业	零售餐饮	√	√	√	构建全方位的现代服务业体系，提升开发地区服务业的专业化、智能化水平。
		酒店公寓	√	√	√	
		文化娱乐	√	√	√	
	生产性服务业	人力资源	√	√	√	
		法律咨询	√	√	√	

培育适合生长的土壤

产业空间布局

产业空间布局推演

基于上位规划、土地利用潜力分析、基地周边产业、交通环境、基地内部产业耦合度推演出产业的空间布局。

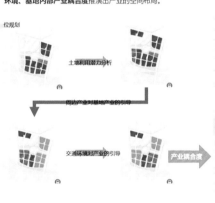

土地利用潜力分析
周边产业对基地产业的引导
交通环境对产业的引导

产业耦合度

■ 创意孵化产业
■ MO科创产业
■ 服务业

五类产业空间模式

根据MO科创产业、中小创新企业、服务业为主的产业链在产业特征、活动模式的不同，因而导致了其在空间模式上的差异，针对不同的产业类型构建五种特色产业。

产业聚合—企业总部
线性高层　围合院落
空间模式　企业形象　高端配套

人文延续—临水商业
单栋　围合院落
空间模式　肌理延续　亲水商业

产业簇群—智造基地
厂房　办公建筑
空间模式　制造转型　科创研发

产城融合—多元廊桥
廊桥　办公建筑
空间模式　立体城市　资源共享

产业孵化—众创空间
村庄建筑　新型办公空间
空间模式
厂房　新型办公空间
产居复合
创新驱动
创意孵化

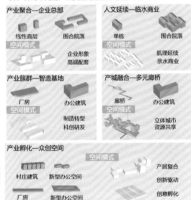

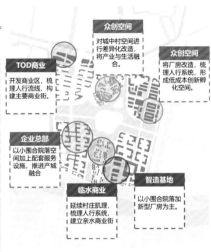

众创空间
对城中村空间进行差异化改造，将产业与生活融合。

众创空间
将城市改造，梳理人行系统，形成低成本创新孵化空间。

TOD商业
开发商业地产，梳理人行流线，构建主要商业街。

企业总部
以小围合院落空间加上配套服务设施，推进产城融合

临水商业
延续村庄肌理，梳理人行系统，建立亲水商业街。

智造基地
以小围合院落加新型厂房为主。

营造便利的生长环境

三条产业协作走廊

科技产业协作走廊
依托MO科技创新，优化产业空间，推动科技研发产业与服务配套产业技术应用产业的协作。

中小企业合作走廊
面向不同规模的企业总部，依托环境优越的空间资源，形成数据共享、协同发展的中小企业走廊。

微型创意孵化培育走廊
微型创意行业成本低，发展快的特点，依托旧城空间，形成创意孵化、商务服务等多元复合的一站式培育走廊。

科产协作走廊
信息共享
科技创新
推广展示
商务合作

中小企业合作走廊
商务服务
市场服务
技术服务

微型创意孵化培育走廊
创新驱动
创业扶持服务

产业走廊重要服务节点

完善的功能配套

生活性服务功能配套
根据当地以高科技人才和创业人员、村民为主的特点，有针对性地提供生活配套设施，以及满足各类需求的住房，以提高设施水平，保障配套服务的高质量。

生产性服务功能配套
为三大产业走廊提供相关配套服务，**科产协作走廊重研发与展示，中小企业合作走廊、微型创意培育孵化走廊重培育与服务。**

公共服务功能配套
公共服务的完善性与便利性是当地居民幸福感提升的重要途径，依托15分钟生活圈，提升基地内公共服务设施的完备性与专业性。

科产协作

技术研发平台　信息咨询平台　电子商务　产品体验平台　产品展示平台

中小企业合作
技术研发平台　数据处理平台　商务合作平台　产品展示平台　品牌营销平台

微型创意培育
品牌营销平台　创意设计平台　创客交流平台　产品发布平台　创意融资平台

服务配套类型	配套细分		项目策划
生产性服务业	科产协作走廊	信息服务	信息咨询中心
			新媒体平台
		科技创新服务	科技转移平台
		推广展示服务	展示中心
	中小企业合作走廊	商务服务	商务咨询
			商务合作
		市场服务	市场推广
		技术服务	技术转移平台
生活性服务	商业服务	大型商业中心	大型购物中心
			商业综合体
			酒店公寓
		商业街区	商业步行街
			沿街商业
	休闲娱乐		电影院、剧场、音乐厅
	文化体育	地区级	展览馆、图书馆
		社区级	社区健身中心
	居住		高品质住宅区
			商务公寓、酒店公寓
			人才公寓
			安置房
公共性服务业	医疗卫生		社区医疗中心
	教育服务		幼儿园
			小学
	公共管理服务		法律服务中心

生态与人文共融

水城融合

依托潘州水道和基地内河，打造园区中心景观，形成园区绿廊。

改造内河沿岸，置入亲水空间，使改造两岸成为汇聚人流的空间。

增强干道两侧用地之间的开放与联系，创造服务于两侧生活与休闲的活力空间。

通过基地内干道，内河的景观修复，构建围绕水系的景观绿环，并延伸出多条渗透廊道。

丰富人水关系

禾心岛

过河天街

滨水绿岸

滨河公园

中央水街

亲水平台

依据多样人水系形态，营造滨水绿岸、中心水街、休闲水岸、生态河堤等多样滨水休闲空间形态，打造丰富人水空间关系及多样空间体验。

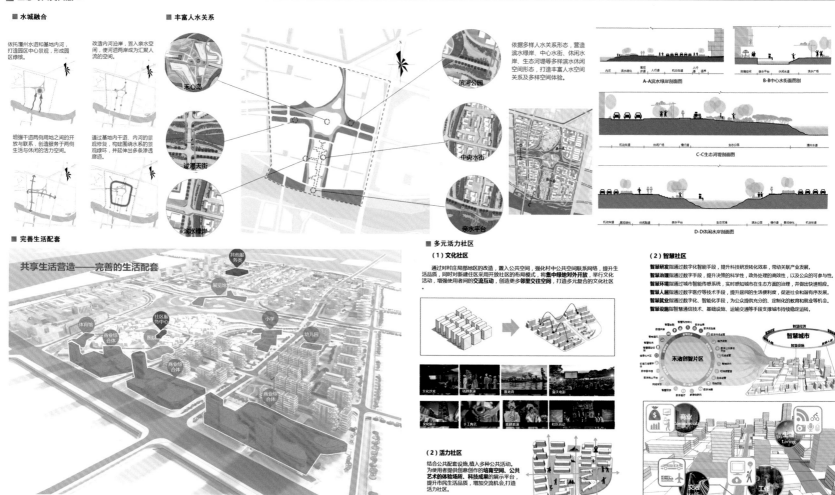

A-A滨水绿岸剖面图

B-B中心水街剖面图

C-C生态河堤剖面图

D-D休闲水岸剖面图

完善生活配套

共享生活营造——完善的生活配套

多元活力社区

（1）文化社区

通过对村庄局部地区的改造，置入公共空间，强化村中公共空间联系网络，提升生活品质，同时对新建住区采用开放式公共空间的布局模式，将**集中绿地对外开放**，举行文化活动，增强使用者的**交流互动**，创造更多**邻里交往空间**，打造多元复合的文化社区。

（2）智慧社区

智慧研发指通过数字化智能等手段，提升科技研发转化效率，带动关联产业发展。
智慧治理指通过数字手段，提升决策的科学性，政务处理的高效性，以及公众的可参与性。
智慧环境指通过城市智能传感系统，实时感知城市在生态方面的治理，开放出快速响应。
智慧人居指通过数字医疗等技术手段，提升居民的生活便利度，促进社会与谐有序发展。
智慧就业指通过数字化、智能化手段，为公众提供充分的、定制化的教育和就业等机会。
智慧设施指智慧通信技术、基础设施、运输交通等手段支撑城市持续稳定运转。

禾渚创智片区

智慧城市

（2）活力社区

结合公共配套设施，植入多种公共活动。为使用者提供创意创作的**培育空间、公共艺术的体验场所、科技成果**的展示平台，提升市民生活品质，增加交流机会，打造活力社区。

分期开发策略

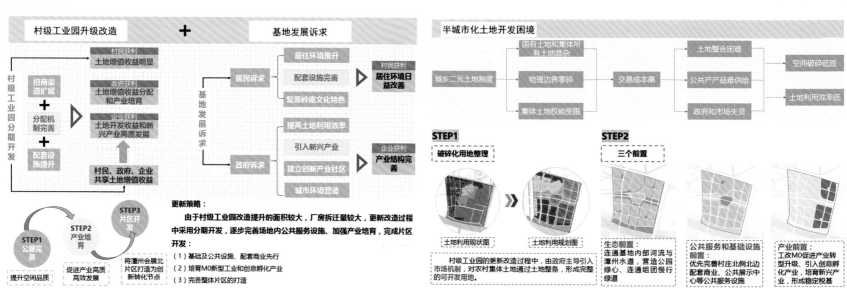

村级工业园升级改造 + 基地发展诉求

村级工业园分期开发

招商渠道扩展 + 分配机制完善 + 配套设施提升

村民获利：土地增值收益明显

政府获利：土地增值收益分配和产业培育

企业获利：土地开发收益和新兴产业高质发展

村民、政府、企业共享土地增值收益

基地发展诉求

居民诉求：居住环境推升、配套设施完善、复原岭南文化特色 ▷ 村民获利：居住环境日益改善

政府诉求：提高土地利用效率、引入新兴产业、建立创新产业社区、城市环境营造 ▷ 企业获利：产业结构完善

STEP1 公服完善：提升空间品质
STEP2 产业培育：促进产业高质高效发展
STEP3 片区开发：将潘州会展北片区打造为创新转化节点

更新策略：
由于村级工业园改造提升的面积较大，厂房拆迁量较大，更新改造过程中采用分期开发，逐步完善场地内公共服务设施、加强产业培育，完成片区开发：
（1）基础及公共设施、配套商业先行
（2）培育M0新型工业和创意孵化产业
（3）完善整体片区的打造

半城市化土地开发困境

城乡二元土地制度 → 国有土地和集体所有土地混杂 / 物理边界零碎 / 集体土地权能受限 → 交易成本高 → 土地整合困难 / 公共产品难供给 / 政府和市场失灵 → 空间破碎低质 / 土地利用效率低

STEP1
破碎化用地整理

土地利用现状图 ▶ 土地利用规划图

村级工业园的更新改造过程中，由政府主导引入市场机制，对农村集体土地通过土地整合，形成完整的开发用地。

STEP2
三个前置

生态前置：连通基地内部河流与潘州水道，营造公园绿心、连通组团慢行绿道

公共服务和基础设施前置：优先完善村庄北侧北边配套商业、公共展示中心等公共服务设施

产业前置：工改M0促进产业转型升级、引入创意孵化产业，培育新兴产业，形成稳定税基

分期开发策略

开发策略

STEP3

培育产业

- M0新型产业用地：融合研发、创意、设计、无污染与生产等创新产业功能以及相关配套服务活动，完善产业结构
- 创意孵化产业：聚集基地及其周围创新资源，培育高效无污染的新兴产业，促进城市化品质提升
- 会展配套服务：增加潭州会展的服务，增强北片区与会展中心的联系，共享会展优势资源

STEP4

片区开发

- 政策、土地、规划更新：基于广东"三旧"改造和村级工业园改造背景，潭州会展北片区作为村级工业园更新的一部分，由此驱动此片区更新改造
- 功能更新：从功能单一能到功能复合，现代工业园的功能不仅是满足单一功能产业发展，而是功能复合型的现代产业新城片区
- 环境和基础设施更新：通过生态前置和公共服务设施、基础设施前置，梳理出景观体系和视觉通廊，打造出宜居宜业宜游的生态产业
- 文化更新：在实践中充分挖掘传统人文文化元素，营造特色文化空间

实施模式

承担工作	收益
政府部门 ●规划审批 ●重大基础设施落实 ●提供政策制度保障	●产业、税收、就业 ●城市品牌 ●交通改善
基地内产业 ●利益协商、明确开发时序 ●落实整体性项目 ●加强与政府的合作，梳理有效问题	●开发利润经营收益 ●企业品牌 ●环境提升
其他业权主体 ●与其他产业配合完成项目建设	●开发利润经营收益 ●加快更新改造 ●环境提升

三期开发

分期开发遵循利于实际操作和价值最大化的原则，总体分为三期：
第一期：对基地东侧保留的力源金属物流厂房进行进一步梳理，植入创意产业，吸引小微企业入驻，并完成产地内基础设施和公共服务设施建设，提升基地空间环境质量；
- 第二期：重点发展基地西侧M0产业区，完善潭州会展北片区内部科研、居住、休闲等服务配套功能；
- 第三期：远期发展基地东南侧用地，加强基地内部企业孵化及配套区的建设，完善基地整体功能。

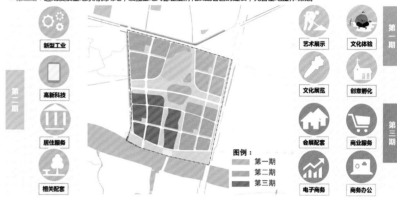

新型工业　高新科技　居住服务　相关配套

艺术展示　文化体验　文化展览　创意孵化　会展配套　商业服务　电子商务　商务办公

第一期　第二期　第三期

图例：
- 第一期
- 第二期
- 第三期

总体风貌控制

滨河景观风貌控制

整体风貌控制
- 元素控制
- 色彩控制
- 空间尺度控制

■ 商业街区风貌控制

整体风貌控制
- 城中村元素融合
- 色彩控制
- 空间尺度控制

空间组织模式控制

好的空间组织形式能给人带来感官上的美感、生活上的便利，也能避免大体量建筑带给城市的压力。空间组织形式在建筑上可以运用错动、退让以及架空的方式，增加城市的立体平台，将风貌引入建筑，促进人与自然和谐发展。

空间组合模式　案例与对应关系

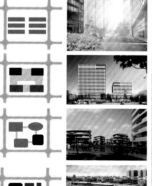

建筑形式	初始模式	空间组织	空间尺度	对应关系
内廊式			60—120	企业总部
单廊式			60—90	新型产业区
板式			30—60	生活区
点式			30—30	创意孵化区

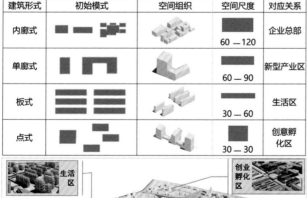

生活区　创业孵化区　企业总部　新型产业区

■ 空间体量控制

不同功能区建筑空间体量、高度有所差异，大体量的创意产业园区，小体量的城中村片区，以及高层的企业楼房等，利用建筑之间错动、退让以及架空的组合方式，组件成良好的空间。

建筑空间	对应关系	高度	建筑空间	对应关系	高度
创意产业园厂房改造		4—12m	企业楼房		12—80m
创意产业办公楼		10—40m	中心岛覆土建筑		12—8m
城中村建筑		3—20m	商业街		4—12m
沿街商业建筑		10—40m 裙房 24—36m	新型产业建筑		6—80m
居住楼房		12—54m	连廊系统		2—4m

■ 总平面

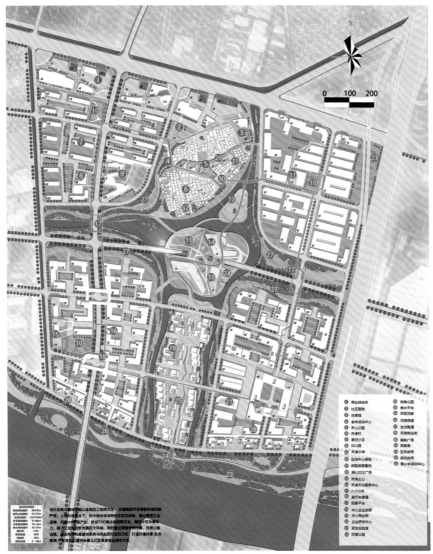

■ 策略一：营造水系环境

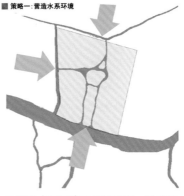

从基地水系的生态优势出发，以北面的佛陈路河涌、禾渚村的水池、西面的潭村工业一路河涌、南面的潭洲水道为框架，疏理水道，贯通水系，形成区域中心，打造水色入城的空间形态

■ 策略二：构建景观复合绿廊

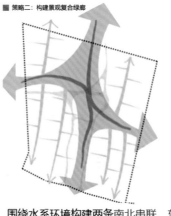

围绕水系环境构建两条南北串联、东西贯通的两条景观廊道，形成整体空间骨架，并规划多条绿廊向外发散，渗透场地各个区域

■ 策略三：规划网络化的滤网体系

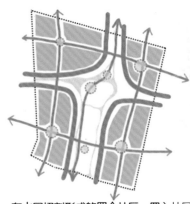

在水网切割形成的四个片区，置入片区中心绿地，串联形成复合景观绿环，并添加线性绿廊增强绿地联系与可达性，形成网络化的绿地体系，整体提升片区景观价值

■ 策略四：植入点带动片区活力

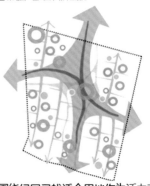

围绕绿网寻找适合用地作为活力节点，刺激片区建设更新，让新植入的活力空间向外渗透，使得村与企业彼此融合，共同生长，带动整个片区活力繁殖

■ 城市形态

■ 高度控制

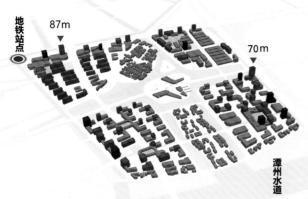

■ 南侧天际线

■ 西侧天际线

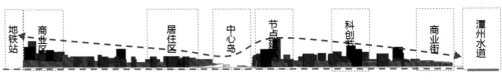

■ 景观规划概念

串联自然资源提升空间品质
Series of natural resources to improve space quality

生态共享
Ecological shared

多种产业融入自然
Various industries are integrated into the nature

■ 景观资源规划

整合现有自然资源，挖掘农田、池塘、水渠资源，展现其景观值，保留并提升现状生态景观，连接慢行景观廊道，结合现状水系打造特色滨水景观空间。

农田

池塘　　河流

六大景观节点

社区公园
滨水公园
滨水发展
候河绿廊
商业公园
慢行绿廊

串联、整合自然资源
采用现状基地特色水资源打造节点景观、彰显基地景观特色

池塘
农田
河流

构建网状绿廊慢行体系
基于基地现状存在的问题，建立联系基地内部的网状绿廊慢行系统。运用修复、增加绿地形式，将基地功能不同的区域以绿化慢行贯穿整个片区，使人出行更便捷。提高整体环境品质。

网状慢行道

提升绿化品质
增加绿地率，增加基地内，运用立体绿化加强绿地慢行系统的可达性，形成生态共享廊道。

增加绿地率

海绵城市设施的增加
我们提出针对基地雨水管理的海绵城市策略：将传统的风险管理转变为分散式的水管理模式，强调雨水资源在城市中间的导流、源头净化、储存，缓慢排放至下游，融入城市的环境和生态网络中。

渗　滞　蓄
净　用　排

生态能源的充分利用
将科技融入城市，运用新能源，减少传统能源的运用，从而减少环境污染。提高经济效益。

节水
节能
回收

除自然景观外，场地内的主要有梁氏祖祠和区氏祖祠、观音庙，和小广场等文化节点

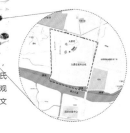

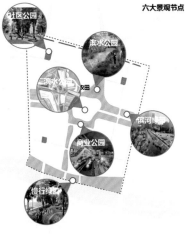

■ 景观结构

以现状资源构建的一个中心慢行绿廊，串联基地四大风貌分区。其中以中央绿心为核心，向城市延伸网状的慢行景观廊道，将各社区公园、绿地联合为一体。

五大景观风貌区

网状景观慢行道

中心慢行景观绿廊

景观节点

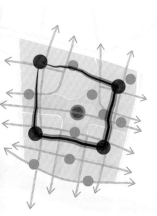

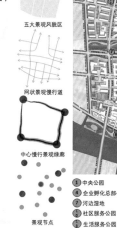

① 中央公园
② 中央公园
③ TOD组团公园
④ 企业孵化总部公园
⑤ M0产业基地公园
⑥ 文创组团公园
⑦ 河边湿地
⑧ 河边湿地
⑨ 商业街景公园
⑩ 社区服务公园
⑪ 干道街角公园
⑫ 生活服务公园
⑬ 生活服务公园
⑭ 商业组团绿地
⑮ 河边湿地公园

■ 景观风貌分区

保留现状厂房为基底，对厂房进行立面改造、结构重做等，并拆除一些临时建筑，清理杂物，将封闭工厂变为开放式街区，划分出中庭院，成为公共活动场地，并加入创新文化装置，形成创意展示氛围浓厚的景观区

创新文化体验景观区

城市生活活力景观区

M0产业生态景观区

自然滨河公园景观区

企业总部科技景观区

围绕TOD组团，结合禾蒲自然乡村景观，通过多种景观打造手法缝合两侧向外辐射，整体形成生活氛围丰富的景观区

工改M0引入新兴企业，结合新型企业空间，增加屋顶绿化和墙体绿化，增加绿地率，形成丰富的绿化生产办公景观区

串联基地内水系，贯穿南北的生态骨架，结合水系打造沿河亲水空间，中央结合公共服务设施和商业设施进行绿心景观设计，形成最具特色的滨河景观带

依托大型科技产业的景观更新发展，重点对组团内公园以及中心慢行绿廊进行景观设计，加入景观设计元素，形成丰富的科技景观区

■ 绿地系统规划

规划区绿地系统包括：中心公园绿地，社区公园绿地、滨河公共绿带、环组团廊以及防护绿地。

中心公园绿地：设置于地块内部滨水核心区及商业核心区北侧。

社区公园绿地：设置于地块内部休闲地，主要分布于四个组团内，为居民以及工作人员所服务的绿地场所。

滨河公共绿带：主要位于河道两边及带状公共绿色绿地，纵横交错的多条绿带相穿插，形成集活动休闲，娱乐，生态于一体的绿地公园；

核心绿廊：作为连接基地内四个组团的慢行连廊，为慢行打造良好的绿化景观；

防护绿地：分布于城市主干道周围。能美化环境，还有一定的安全防护功能。

图例
中心公园绿地
社区公园绿地
滨河公园绿地
核心绿廊
防护绿地

■ 景观绿廊体系

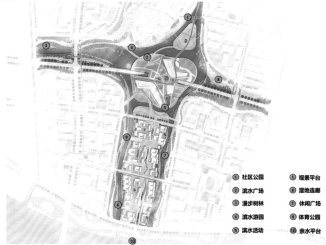

① 社区公园
② 滨水广场
③ 漫步树林
④ 滨水游园
⑤ 滨水活动
⑥ 观景平台
⑦ 湿地连廊
⑧ 休闲广场
⑨ 体育公园
⑩ 亲水平台

■ 鸟瞰图

■ 景观绿廊节点

A—A剖面

景观阶梯节点图

■ 景观绿廊节点

儿童亲水活动
漫步树林
空中连廊
休闲广场
商业广场
滨地连廊

滨心公园
慢行廊道
景书馆
主干道
栈道
观景平台

■ 禾心岛

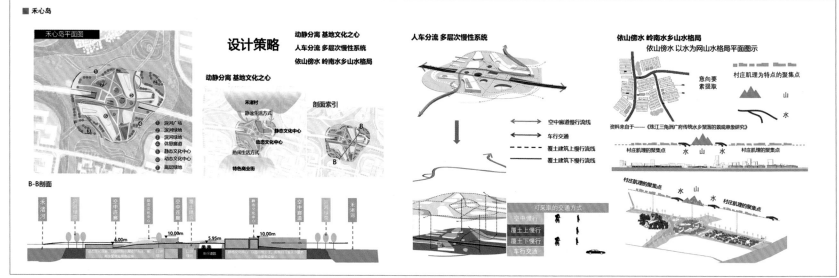

禾心岛平面图

① 滨河广场
② 滨河绿地
③ 滨河慢道
④ 休憩廊道
⑤ 静态文化中心
⑥ 动态文化中心
⑦ 底层绿地

B-B剖面

设计策略

动静分离 基地文化之心
人车分流 多层次慢性系统
依山傍水 岭南水乡山水格局

动静分离 基地文化之心

禾渚村
静谧生活方式
静态文化中心
动态文化中心
热闹生活方式
特色商业街

剖面索引

人车分流 多层次慢性系统

空中廊道慢行流线
车行交通
覆土建筑上慢行流线
覆土建筑下慢行流线

可采取的交通方式
空中慢行
覆土上慢行
覆土下慢行
车行交通

依山傍水 岭南水乡山水格局

依山傍水 以水为网山水格局平面图示

意向要素提取

村庄肌理为特点的聚集点

山
水

资料来自于——《珠江三角洲广府传统水乡聚落的景观意象研究》

村庄肌理的聚集点 水 山 水 村庄肌理的聚集点

村庄肌理的聚集点 水 山 水 村庄肌理的聚集点

节点设计

■ TOD商业区

设计策略：
整体空间南北高中间低；
沿街面形成凹字形天际线；
打开中央商业景观带的视线通廊；
商业广场斜接轨道站点；
整体布局呈带状空中廊道连接两侧商业。

TOD商业区总平面
① 相接广场　② 内部广场　③ 路口广场

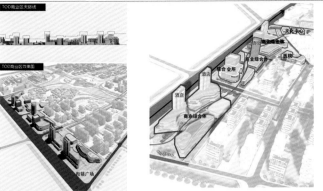

TOD商业区天联线
TOD商业区效果图

广场相接轨道站点、服务站点密集；以曲折的跨线增强商业的趣味性；三角湾北向人行道路增加TOD商业区与居住区和村庄的联系性，兼顾服务对村民与居民。

■ 禾滘村

设计策略：
采用微更新手法，沿村心道路开发；
在内部增加公共空间并将原有单边公共空间迁移，功能沿路延伸；
村庄联系自然，开发结合周边。

禾滘村平面图

① 禾滘医院　② 居委会　③ 梁氏组挡　④ 林下空间
⑤ 娱乐中心　⑥ 众创空间　⑦ 区氏组挡　⑧ 活动广场
⑨ 老年活动中心　⑩ 体育公园　⑪ 活动广场
⑫ 艺术家工作室　⑬ 观景廊　⑭ 文化展览广场

体育公园　活动广场　文化展示广场　高宽活动场地

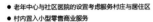

● 老年中心与社区医院的设置考虑服务村庄与居住区
● 村内置入小型零售商业服务
● 廊桥贯穿村庄

现状的村庄格局　沿路开放共享

中心区域公共空间置入　功能延伸，引入自然

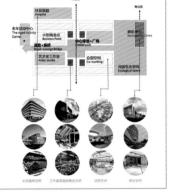

■ 中心水街

设计策略：
位于基地核心轴线南侧，南靠潭州水道，为商业步行街，其内部聚集商业服务、特色餐饮、文创销售，同时又兼具休憩娱乐功能，放大湖面景观和带状与河流景观相结合，引入水景，形成良好的景观环境。

中心水街平面图

① 亲水广场　② 喷泉广场　③ 中央广场
④ 粤剧艺术表演馆　⑤ 风雨廊顶　⑥ 河滨广场
⑦ 生态绿道　⑧ 商街　⑨ 休闲文化街

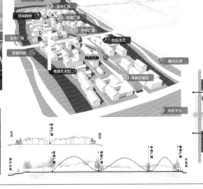

概念构思图

笔直、单一的街道流线

曲折、多变的商业流线

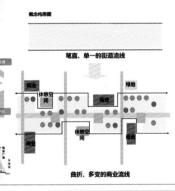

■ 中小企业总部

设计策略：
摒弃单一的一条线空间，打造多样步行空间化，提升步行体验；
强调功能复合，打造活力办公区；
融合立体功能，实现商业、酒店、办公立体分区。

企业总部平面图

① 休闲绿廊　② 空中连廊
③ 商业中心　④ 人才公寓
⑤ 休闲广场　⑥ 空中天街
⑦ 酒店　⑧ 商业台

单一静态：一条线的绿色空间

动态活力：多样化的绿色空间

空间功能构成

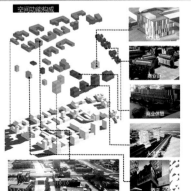

小体量建筑，适合规模较小的企业，作为实现梦想的第一步。

中体量建筑，适合进入发展期的企业，一个开始梦想的小平台。

大体量建筑，适合进入稳定期的企业，提供环境更美好、功能更完善的工作平台，作为实现更大的梦想之处。

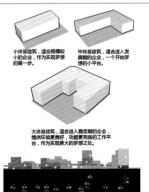

Nanchang University

冯际帆

时光转瞬即逝，经过三个月的共同努力，南粤杯联合毕业设计圆满结束。很荣幸能在大学的最后一段时光与同窗五年的好友一起加入城规非常6+1这个大家庭。在这里，我们收获了友谊与喜悦、增长了知识与视野。衷心感谢周志仪与江婉平老师悉心的指导以及各高校、省规院的老师们的努力与付出，同时也要感谢所有学校青春活力的同学们，为我们展示了精彩的设计与表达，最后由衷地感谢队友们对本次毕设的辛苦付出，因为大家，我们才能成为一个有温度的小组。愿我们现在所做的一切，能够为以后的不期而遇，埋下伏笔。

王钰琪

三个月一晃而过，联合毕设终于走到终点。从广东到云南再到四川，从冬到春再到初夏，我们有幸步上南粤杯的平台，与其他五校的老师与同学们进行学习与交流。感谢老师对我们的指点，感谢队友们辛苦的付出，感谢组长对工作的认真负责，才有了今天这份美好的毕设作品。我想我不会忘记大家说着不要996最后007的共同努力的日日夜夜，不会忘记专教越堆越高的外卖周边，不会忘记我左右两边队友文采斐然显得我感慨不够丰富从而加上这句话的作品集彩蛋。

山水一程，大家都将奔赴新的生活。愿我们都有光明的未来，毕业快乐！

石筱玮

年年岁岁花相似，岁岁年年人不同。今年是南粤杯举办的第九个年头，非常荣幸，我能在这第九个年头留下来过的足迹。起初的我以为南粤杯会像一般的毕设一样，毫无波澜地度过，但我没有料到毕设内容如此庞杂，表现要求如此严格；没有料到最终会和队友们在专教为它倾注所有的时间、精力和心血；当然，我也没有料到，窝在专教做毕设的日子会这么欢乐，有欢笑，有争论，有头脑风暴，也有嬉笑打闹……想到这里才惊觉，我们和南粤杯也许是互相成全的，不过是一期一会的缘分，但又实实在在地在某个维度上交叉了一瞬，从此留下了足迹，铭刻于心。

宗文可

他山之石可攻玉，六校诸友皆我师。非常感激南粤杯提供的宝贵交流机会，让来自各地的思想火花在这里碰撞，每一次火花的闪现都值得我们去学习与吸收，各位老师的指点更是每每切中要害，补足我们的缺陷。于我而言，这次毕设不仅仅是一次学习的过程，更收获了难能可贵的友情，"不要996!"的标语还挂在教室，但那里每晚灯火通明却又传出阵阵笑语……此行已渐尾声，愿诸位：山水总相逢，来日皆可期；望君多珍重，圆月杯酒中。

李玉婷

历时三个多月的联合毕设终接近尾声，这是一段令人难忘的经历。从东南转到西南，感谢一路以来广东省院及六校老师的细心指导，及各校同学的相伴；在与各校老师、同学的切磋交流中，视野越发拓展。感谢每位小罐茶，这是一个温暖而又团结的队伍，虽然过着996的工作生活，但每一天都充满欢声笑语，在大家的共同努力下，我们才能交上这份答卷，为我的大学生活画上完美的句号。祝各位同学毕业快乐，前程似锦！

程蕊

"南粤杯"6+1联合毕业设计是一段旅行，我们从起点开始捕捉一路风景，又将这美景细细刻画，绘制出属于这五年来的答卷。感谢六校联合的各位同学，向我们展示了，恰同学少年，风华正茂的意气风发。感谢各位老师的谆谆教诲，让我们保持不忘少年凌云志，当与天向齐的拼搏精神。最后，分别总是难免的，当筵意气凌九霄，星离雨散不终朝，分飞楚关山水遥，愿经此一别，归来仍是少年。

钟言

时光飞逝，现在回想起近半年的联合毕业设计，一路走来，感受颇多。非常有幸参与这样一次特殊又有趣的设计活动，在这个过程中经历了很多，也学到了很多，在与组员们的合作交流中，我的设计思维得到了很大的锻炼和提高，多次出校答辩，与其他学校一起开会、参加活动，让这次的毕业设计有了不一样的体验。最后，祝大家都能够顺利毕业！

汩汩涓流 ∞ 循循织新
Trickling and weaving
— 佛山市三龙湾会展北区城市更新规划 —

溯流·续流

2021"南粤杯"6+1联合毕业设计
学校：南昌大学　指导老师：周志仪｜江婉平
小组成员：冯际帆｜王钰琪｜石筱珊｜宗文可｜李玉婷｜程蕊｜钟言

■ 背景研判—规划背景

十四五规划层面—承接

在"十四五"规划纲要的指导下，我国将以**推动高质量发展**为主题，打造带动全国高质量发展增长极。三龙湾高端创新集聚区作为新时代**全国同城化发展示范区**，将**承接**十四五规划对粤港澳大湾区的创新科技发展需求，为推动高质量发展提供动能。

区位分析

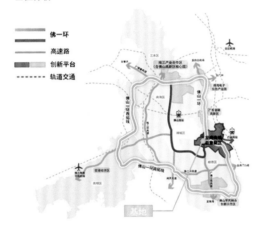

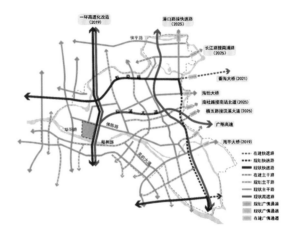

粤港澳大湾区层面—沟通

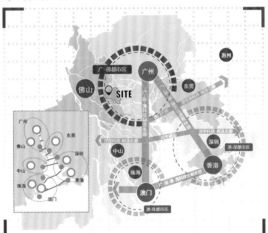

广佛层面—联动

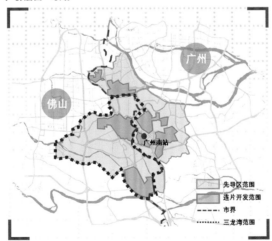

三龙湾层面—辐射

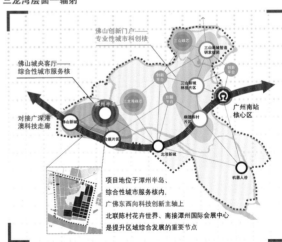

■ 背景研判—规划解读

《广东省佛山市土地利用总体规划(2006-2020年)》
重点建设顺德区陈村花卉世界等城郊都市型生态农业区，加快城乡"三旧"改造工程的实施，积极推行节地型城、镇、村更新改造，全面提高经济社会发展。

《佛山市城市总体规划（2011-2020年）》
构筑"1+2+5"城镇空间格局；顺德水道以北镇加强与禅城区的产业协作与交通联系。

《三龙湾城市总体规划》
通过减量提质，城中增绿的途径塑造"半城半绿"的用地布局。推动广佛科技产业融合发展。

《佛山三龙湾高端创新集聚区发展总体规划（2020-2035）》
战略定位：面向全球的先进制造业创新高地、珠江西岸开放合作标杆、广佛融合发展引领区、高品质岭南水乡。

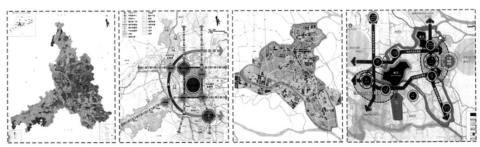

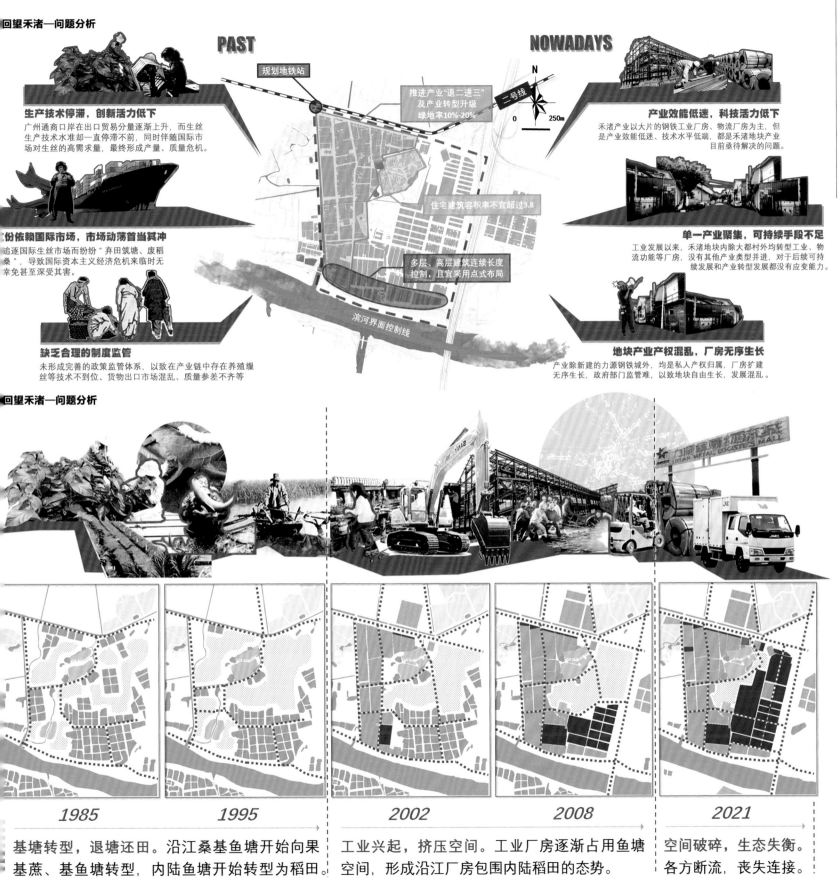

回望禾渚—问题分析

PAST

NOWADAYS

生产技术停滞，创新活力低下
广州通商口岸在出口贸易分量逐渐上升，而生丝生产技术水准却一直停滞不前，同时伴随国际市场对生丝的高需求量，最终形成产量、质量危机。

份依赖国际市场，市场动荡首当其冲
追逐国际生丝市场而纷纷"弃田筑塘、废稻桑"，导致国际资本主义经济危机来临时无幸免甚至深受其害。

缺乏合理的制度监管
未形成完善的政策监管体系，以致在产业链中存在养殖缫丝等技术不到位、货物出口市场混乱、质量参差不齐等

产业效能低迷，科技活力低下
禾渚产业以大片的钢铁工业厂房、物流厂房为主，但是产业效能低迷、技术水平低端，都是禾渚地块产业目前亟待解决的问题。

单一产业聚集，可持续手段不足
工业发展以来，禾渚地块内除大都村外均转型工业、物流功能等厂房，没有其他产业类型并进，对于后续可持续发展和产业转型发展都没有应变能力。

地块产业产权混乱，厂房无序生长
产业除新建的力源钢铁城外，均是私人产权归属，厂房扩建无序生长，政府部门监管难，以致地块自由生长，发展混乱。

规划地铁站

二号线

推进产业"退二进三"
及产业转型升级
绿地率10%-20%

住宅建筑容积率不宜超过3.8

多层、高层建筑连续长度
控制，且宜采用点式布局

滨河界面控制线

N
0   250m

回望禾渚—问题分析

| 1985 | 1995 | 2002 | 2008 | 2021 |

基塘转型，退塘还田。沿江桑基鱼塘开始向果基蔗、基鱼塘转型，内陆鱼塘开始转型为稻田。

工业兴起，挤压空间。工业厂房逐渐占用鱼塘空间，形成沿江厂房包围内陆稻田的态势。

空间破碎，生态失衡。
各方断流，丧失连接。

37

机遇1
· 提高土地集约利用水平
· 简化了土地补办征收手续
· 优化城市功能结构、利于产业结构升级
· 土地纯收益允许返拨支持用地者开展改造

三旧改造下的全新城市更新体系

作为过去十年的热议话题，城市更新已成为提升城市物业价值，重塑城市面貌的重大推动力。
以广州为例：2020年8月，广州推出了新一轮的政策体系"1+1+N"，在加速城市更新进程的同时，亦提出产城融合、职住平衡的目标。未来十年，广州将有550平方千米约7.4%的城市总面积实行城市更新。
而在城市更新的新政下，佛山市三旧改造趋势也正发生改变。

· 分层分级管控，优化审批机制 · 加快旧改项目流程，推行并联审批 · 强调传承文化，保障民生。新政策为历史文化遗产保护提供激励措施，并重视大型市政配套设施及人居环境改善项目的建设	旧厂自主改造更为灵活： · 有产业更新能力的发展商可以寻求机会，参与政府主导的旧厂片区改造；旧厂业主可以考虑自主进行原厂房的创意改造来获取收益	如《佛山市城市更新地价计收及收储补偿办法》为"旧厂房"的"工改居"类"工改商"类更新项目、"旧村居"更新项目分别制定了地价计收及补偿标准
旧村改造趋势	旧厂改造趋势	政策变化趋势

挑战1
开发用地碎片化，如何在快速更新中持续供给低成本空间，保证企业平稳过渡？
如何响应企业需求，置换匹配多元企业生产方式，打造高适应性的新型智创空间？

空间需求多样，企业生产需求多元，开发面临挑战

为吸引不同的企业入驻
需要多元空间保证互动

重大产业引入、轨道交通建设等
重点发展项目带来地区价值变化

村集体用地整理冗杂
影响城市更新进程

机遇2
· 广州南站辐射下的交通网互联互通可达性高，新建地铁2号线将投入使用
· 会展新城建设下展城一体与创展服务的打造为区域整体发展带来新机遇

交通优势显著，开创会展新城新纪元

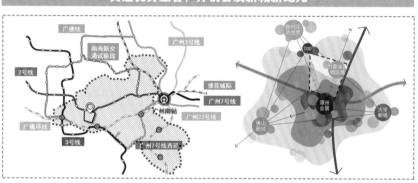

挑战2
当前片区地块功能破碎，亟待转型；如何以人本创新角度出发，营造面向未来的创新城区以及富有温度、参与性高的创新场所？

片区亟需转型，人本创新与场所营造需求迫在眉睫

地块职能分散破碎
亟需功能转型进行有效链接

创新产业的引入带来区域巨大变化
城区营造亟需人本视角引领

居民生活交往参与性受限
亟需营造富有温度的创新场所

机遇3
· 区域整体山林水网、园地成团，具有建设宜居城区的良好基础
· 园地相对集中连片，可作为生态保育基底以及为城市增长预留弹性空间

自然禀赋优异，宜居城区建设的生态条件优越

项目地紧邻潭州水道，位于清晚期南海与顺德都一堡分布中登州堡与甘溪堡交界处。自古沿水而居，凭水而耕。本底条件优越，自然禀赋优异，拥有建设宜居城区的优越生态本底

挑战3
水城空间相背发展，污染、易涝的水体拒人千里；如何寻求能兼顾雨洪治理与高品质环境营造的生态解决方案？

城河割裂，如何寻求生态双赢方案

水质污染问题严重
水体易涝，利用效能较差

生态系统破碎
未能结合发达水网织补良好续境

水城相背发展
为营造宜居城区亟需生态解决方案

 我们的思考：

Q1：用什么来解决当前项目地产业发展、空间转型、城河割裂的困境？ Q2：我们想要营造一个怎样的禾渚？

禾渚的自白—人口分析

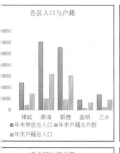
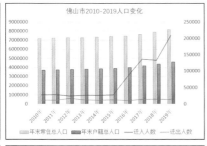

· 外来人口数量增加。自2016年起，佛山市外来迁入人口数量急剧增加，并且势头持续上扬。但外来人口数量与户籍人口总数差距缓慢扩大。

· 政策及企业转型带来人口变化。粤港澳大湾区广佛极点的正式成立将佛山推向了新的发展阶段，在劳动密集型企业的基础下向高端智造业逐步转型，丰富的优质就业资源吸引了大量外来人口在此落户。

· 三产从业人员稳步增加且增势强劲。三产从业人员逐年增加，2015年开始增长率不断提高，内生动力饱满。第二产业中工业仍占主导地位。与此同时第二第三产差距逐年缩小，标志着佛山市的产业复合转型正在稳步推进中。

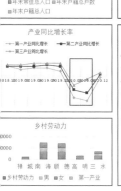

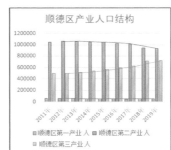
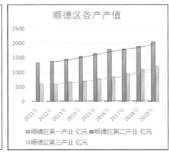
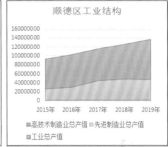

禾渚的自白—现状分析

基地现状

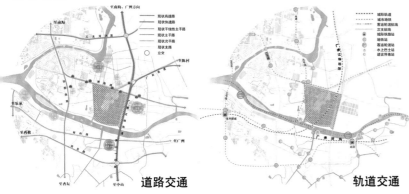

道路交通　　　　　　　　　　　　　　　　轨道交通

地块周边**交通便利**，东为广佛江珠高速，西侧为潭村工业区一路，南邻潭洲水道，北为佛陈路。**周边资源优越**，南连潭州会展中心，北接陈村花卉世界，东侧为金锱国际金属交易广场，南临潭州水道

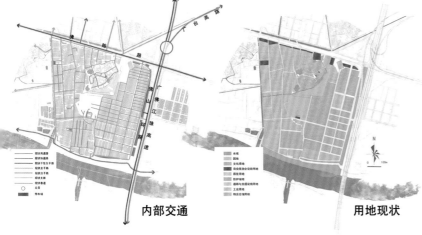

内部交通　　　　　　　　　　　　　　　　用地现状

景观要素分析

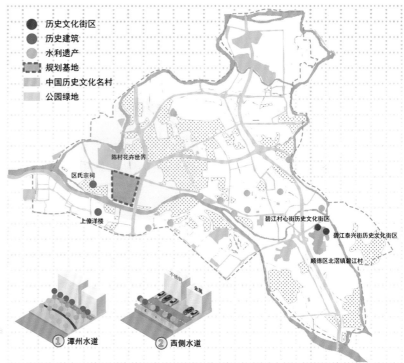

· 水网发达、形态丰富
· 三江环绕（东平水道、陈村水道、谭洲水道）河网密布贯穿其中；
· 项目基地北接陈村花卉世界，处于其景观重要影响范围内
· 位于潭洲水道北岸，具有较好的滨水景观资源
· 基地邻近三龙湾重要历史建筑及水利遗产孖庙水闸等历史资源要素

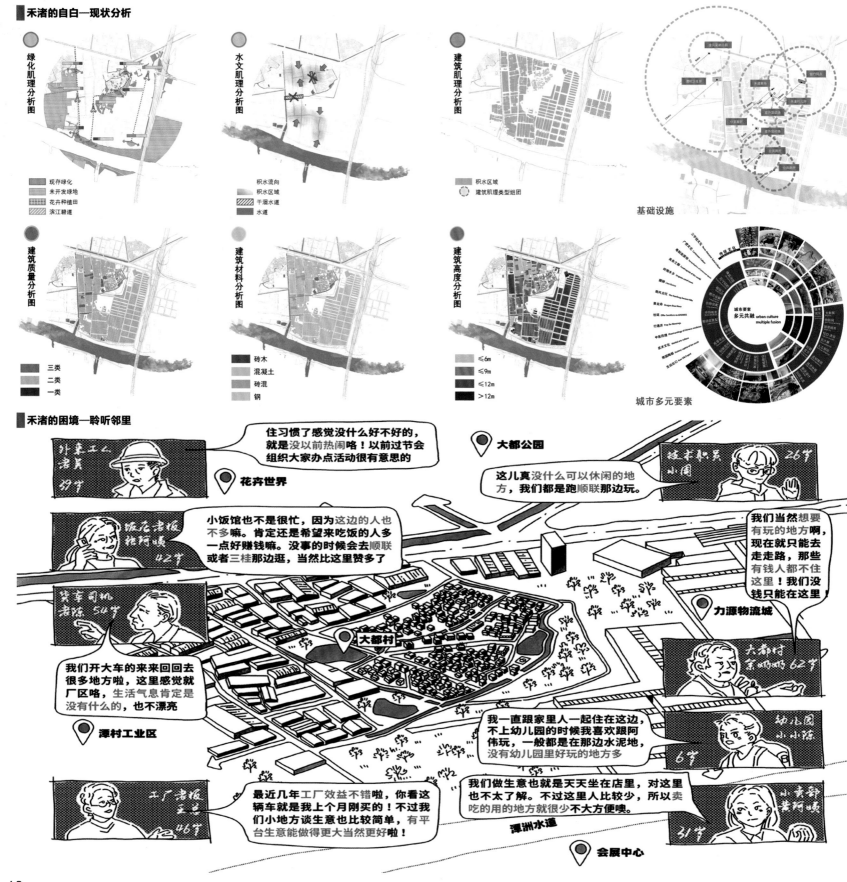

禾渚的瓶颈—断流之音

碧道建设单向发展
村中习俗偏安一隅
地块建设缺乏规划自由生长
工厂、自建房土地产权混乱
社会信任感缺失

单元素失联造成极端现象

村中宗祠文化保留
园区人文活动缺失
园区放肆生长但产能低
紧靠花市但无地种植
部分河道干涸蝎流

地面积水严重无法通行

滨水规划完善但无人使用
地块内部无休闲空间但人群聚集

外来人口、三产人口饱和
产业低端、产能低迷

机动车可达性高
人车混行、道路未渠化

多元素断流导致发展失衡

单元素负外部性叠加而小利分散
地块发展与区域建设脱节
单一元素侵占其他元素发展空间
工厂建设挤压生活空间
污水排放破坏生态和谐

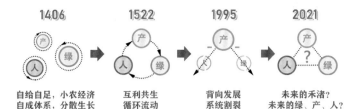

1406	1522	1995	2021
自给自足，小农经济 自成体系，分散生长	互利共生 循环流动	背向发展 系统割裂	未来的禾渚? 未来的绿、产、人?

重构一个什么样的禾渚?
未来的绿、产、人将会形成何种关系?

禾渚的瓶颈—续流所向

设计语言解析——古今水网

设计语言解析——新旧厂房

设计语言解析——岭南建筑

生态

＋

产业

＋

人文

概念引入—桑基鱼塘模式解析

生丝出口
缫丝
养蚕
桑饲蚕
蚕沙饲鱼
岭南饮食文化
桑基鱼塘
桑葚
捕鱼
淡水鱼养殖
桑树
防洪涝
塘泥肥桑

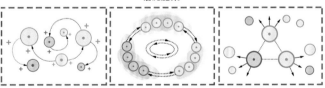

正外部性　　循环流动　　利益发散

"广东各属所种之桑，多因田土低陷，锹高作基塘，以其水浸不能插禾，即有外围，亦被雨水所浸，故改作鱼塘，四面高基，得以种桑耳。"
——清 陈启沅《广东桑蚕籍》

" **价值宣言**
——承袭先人的智慧 "

新目标

深入探究—确定更新目标

反思过去，对于禾渚的新生，我们需要实现两个目标——
1、重构禾渚昔日繁荣；2、防止衰败的再次发生

核心手段

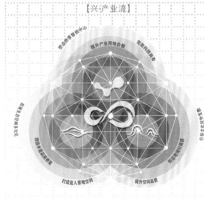
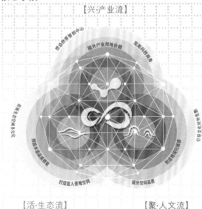

[兴·产业流]
[活·生态流]　　[聚·人文流]

【织流】
串联元素碎片，重构生长网络
·编织串联高度碎片化单一元素，连接完善的生态、产业、人文生长网络；
·活化单一元素生长流动网络，柔化现状破碎化、割裂式的格局；

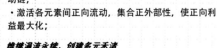

【汇流】
汇接元素通链，激活正向流动
·汇集绿、产、人三元素流，交互重叠，搭建能量流动链；
·激活各元素间正向流动，集合正外部性，使正向利益最大化；

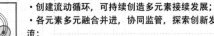

【亘流】
维继涓流永续，创造多元禾渚
·创建流动循环，可持续创造多元素接续发展；
·各元素多元融合并进，协同监管，探索创新发展支流；

织流

2021"南粤杯"6+1联合毕业设计

学校：南昌大学　　指导老师：周志仪 | 江婉平

小组成员：冯际帆 | 王钰琪 | 石筱玥 | 宗文可 | 李玉婷 | 程蕊 | 钟言

禾渚织新—空间结构规划

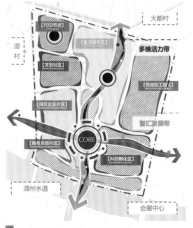

两带：智汇发展带 + 多维活力带
结合多样诉求，呈现多元拼贴空间组合模式，打造共享交互纽带

三廊：智创共享虹桥 + 生态多维虹桥 + 创新文旅虹桥
依托环状绿廊，将编织耦合蓝绿生态、产城服务和公共活力骨架

三极：智创极点 + 联动极点 + 活力极点
虹桥交汇处，为流动最密集的节点，结合需求形成复合多元中枢

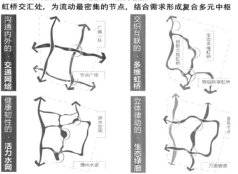

禾渚织新—综合交通规划

轨道将紧密联系潭州会展北岸与周边功能组团，使其嵌入大湾区广佛极点的整体架构。近期拉通主干路网，与潭州会展高效连接，紧致而开放的街区兼顾效率和灵活性激发丰富的街道生活。

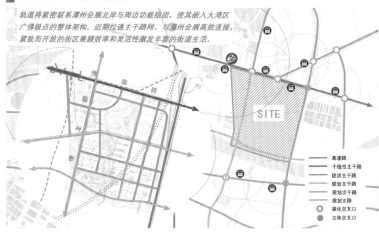

高速路
干线性主干路
现状主干路
规划主干路
规划次干路
规划支路
渠化交叉口
立体交叉口

禾渚织新—土地利用规划

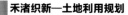

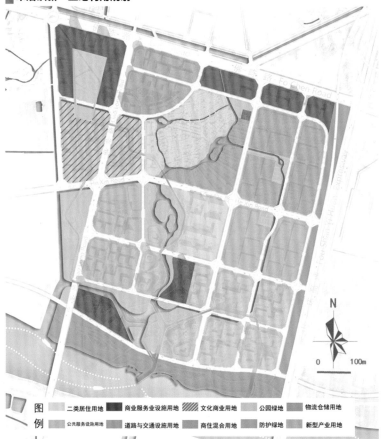

图例

二类居住用地　商业服务业设施用地　文化商业用地　公园绿地　物流仓储用地
公共服务设施用地　道路与交通设施用地　商住混合用地　防护绿地　新型产业用地

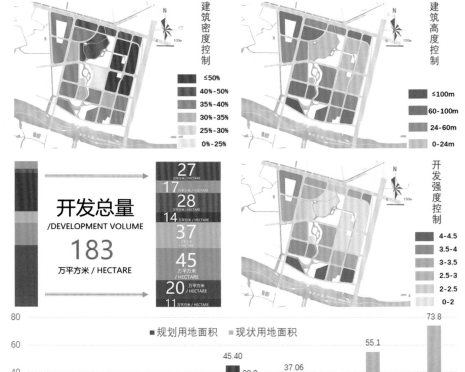

建筑密度控制
≤50%
40%-50%
35%-40%
30%-35%
25%-30%
0%-25%

建筑高度控制
≤100m
60-100m
24-60m
0-24m

开发强度控制
4-4.5
3.5-4
3-3.5
2.5-3
2-2.5
0-2

开发总量
/DEVELOPMENT VOLUME
183
万平方米 / HECTARE

27 万平方米/HECTARE
17 万平方米/HECTARE
28 万平方米/HECTARE
14 万平方米/HECTARE
37 万平方米/HECTARE
45 万平方米/HECTARE
20 万平方米/HECTARE
11 万平方米/HECTARE

规划用地面积　现状用地面积

R 17.42 / 10.5
A 27.39 / 0.1
B 28.08 / 6.3
S 45.40 / 32.9
G 37.06 / 16.4
W 14.01 / 55.1
M 20.33 / 73.8

用地代码	用地名称	用地面积 / ha	占比
	城市建设用地	189.69	
R	居住用地	17.42	9.18%
A	**公共服务设施用地**	27.39	**14.44%**
b	**商业服务业设施用地**	28.08	**14.80%**
S	道路与交通设施用地	45.40	23.93%
G	**绿地与广场用地**	37.06	**19.54%**
W	物流仓储用地	14.01	7.39%
M	工业用地	20.33	10.72%
E	非建设用地	16.87	-

01 不锈钢采购中心
02 物流城写字楼
03 力源金属物流城
04 滨水口袋公园
05 工厂口袋广场
06 创新研发中心
07 科创孵化中心
08 重点实验室
09 滨水四维广场
10 展览体验中心
11 禾渚码头
12 智汇SOHO
13 Living House
14 禾心公园
15 禾渚花田
16 兴荣广场
17 禾渚村
18 中万城
19 中石加油站
20 沿街商业
21 特色商业街区
22 文创展示社区
23 文创体验街区
24 Living Cube
25 商务总部
26 滨水公园
27 科技互动区
28 TOD节点
29 智汇公园
30 智创共享虹桥
31 生态多维虹桥
32 创新文旅虹桥

百舸争流 引源活化产业桎梏

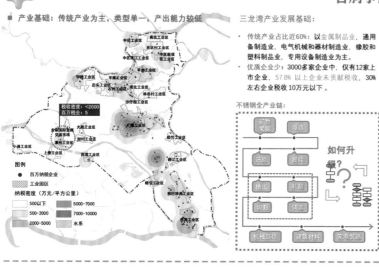

■ 产业基础：传统产业为主、类型单一、产出能力较低

税收密度：<2000 百万税金：5

图例
● 百万纳税企业
▨ 工业园区

纳税密度（万元/平方公里）
500以下　5000~7000
500~2000　7000~10000
2000~5000　水系

三龙湾产业发展基础：

· 传统产业占比近60%：以金属制品业、通用备制造业，电气机械和器材制造业，橡胶和塑料制品业，专用设备制造业为主。
· 优质企业少：3000多家企业中，仅有12家上市企业，57.8%以上企业未贡献税收，30%左右企业税收10万元以下。

不锈钢全产业链：

矿物采掘 → 浮选
还原 → 提纯
挤出 → 轧制
切割 → 铸造

如何升级？

机械部件　建筑材料　家电智造

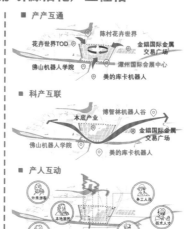

■ 产产互通
陈村花卉世界
花卉世界TOD　金锡国际金属交易广场
佛山机器人学院　潭州国际会展中心
美的库卡机器人

■ 科产互联
本底产业　博智林机器人谷
佛山机器人学院　金锡国际金属交易广场
美的库卡机器人

■ 产人互动

STEP 3：产人桥三元素交融，打造多维功能中芯

面对多样人群不断涌入，人群需求变得复杂多样。虹桥的出现让空间不再孤立，大大加强人群之间的流动，打造出不同的适应性空间。

合作平台 COLLABORATION PLATFORM
智创共享虹桥 RAINBOW BRIDGE
创客大街 MAKER STREET
商务总部 FUNDAMENTAL RESEARCH CENTER
窗口广场 EXPOSITION
基础研究中心 FUNDAMENTAL RESEARCH CENTER

STEP 1：桥接外部产业助力，协调内部产业关系

文旅观光 WENLVGUANGUANG
总部经济 ZONGBUJINGJI
科创智造 KECHUANGZHIZAO

桥接　桥接

【花卉业】
【工改创产业】GONGGAICHUANG
【工改工产业】GONGGAIGONG
【会展产业】HUIZHANCHANYE
【TOD产业】TODCHANYE
GICEC

商务总部 FUNDAMENTAL RESEARCH CENTER

■ 研发营销 资本运作 战略管理

窗口广场 EXPOSITION

■ 形象展示 活动中心 步行入口

合作平台 COLLABORATION PLATFORM

■ 灵活空间 可变成本 人才聚集

创客大街 MAKER STREET

■ 设施完备 信息前沿 人才聚集

基础研究中心 RESEARCH CENTER

■ 创新孵化 科学研究 人性尺度

人才社区 TALENT COMMUNITY
■ 活力社区 舒湾生活 便捷服务

STEP 2：明确科技产业流线，定制企业需求空间

■ 弹性土地流转机制

规划弹性地块 RESERVE S-ZONE
前期建设地块 PRE-CONSTRUCTION

无扩张需求 NO NEED TO EXPAND
有扩张需求 NO NEED TO EXPAND

劣质企业淘汰 NO NEED TO EXPAND
引入进化置换 QUICK OPPORTUNITIES

新企业引入可与进化装置融合
原企业空间扩张 SPATIAL EXPANSION OF ENTERPRISES
企业成熟期 MATURE ENTERPRISES

■ 共同进化的更新框架

公共空间微改造 RE-PROGRAM
拆除 REMOVE
弹性进化装置 QUICK OPPORTUNITIES

更新与扩建 RENOVATE

功能置换与更新 REMIX
拆除 部分老企业回迁 REMOVE REFILL
部分老企业回迁 REFILL

■ 定制设计模块化建筑生长空间

单元空间BOX

办公空间单元（1x1）
科研空间单元（2x1）
制造空间单元（4x2）

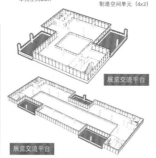

展览交流平台

展览交流平台

聚·人文流

打破需求对立边界 桥接活力人文生活

工厂性 / 空间入侵 | 居住性 / 文化保留

高效性的便捷换乘 & 舒适性的漫步畅游

快 ← 货车司机 幼儿园小小陈 → 慢
高效性 → 舒适性

公共性的园区 & 私密性的社区

外 ← 外来工人 小卖部阿姨 → 内
公共性 → 私密性

生产性的物流智创 & 日常性的传承民俗

新 ← 工厂老板 大都村余奶奶 → 旧
生产性 → 日常性

天官赐福

土地财神

门前种植

（-1,1,-1）（1,1,-1）
（-1,1,1）
（1,-1,-1）
（1,-1,1）（1,1,1）

私人空间在公共空间的延伸 | 保留公共空间私密性

空间需求

空间活动 私密 公共

精神需求

当地文化和传统信仰的保留

STEP 3：唤醒具有城市古今记忆的文化生活

场地位于两条精品游径交汇处，基于西侧上位游线的规划，依托场地"虹"桥串联文旅游览轴线

三山渔村新港游径
陈村花卉寻味游径
新城艺术之旅游径
陈村古今融合游径
北滘康体文旅游径
碧江金楼探古游径

STEP 1：构造多维交通网络体系的便捷生活

基于二号线花卉世界站点在地块西北角设置TOD，通过机动车道路、地下停车、人行天桥、人行步道、地铁、垂直升降交通连接内外人行交通体系，串联周边地块，整合自然、产业、人文等多要素功能，实现地块和功能之间的互连互联。

TOD节点剖面

多功能复合高层

休闲办公共享体系

official official

commercial commercial

bridge road bridge bridge bridge bridge

subway

hotel residental

无人机 Unmanned Aerial Vehicle

智慧物流 Intelligence Logistics

地下停车 Underground Parking

2号线花卉世界 Line 2 Flower World

TOD综合商业体文化消费一体化

三字经文化馆智创再赋值互动式学习

大都村民点宗祠文化盛行社诞活动体验

岭南水乡风情水埠文化介绍

千年花卉文化一站式体验花田

慢行步道网络贯穿全程引导历史主题浏览

STEP 2：创造多元人群活力共享的美好生活

外来游客
本地居民
务工人员
技术人才
企业老板
公务员

轴线梳理 / 公共节点引导 / 建筑体量过渡 / 功能连接 传统信仰植入公共空间

TOD节点

生活服务

文创社区

科创孵化

商务总部

根据产地功能分区形成五类城市感官体验，依托"虹"桥打造多元人群居住、交、休闲场所。

商住 Commercial & Residental
居住 Residental
商业 Commercial
活动中心 Activity Center
文创 Art / Creation
花田 Flower Field
花田 Flower Field

一桥五感
创造多元人群的交往场所

城中村微更新

01 三字经文化体验馆　02 岭南水乡文化馆　03 宗祠文化馆

登州《三字经》　　岭南水乡风情　　社诞活动现场

人文禾渚

工厂性 | 居住性

公共性 生产性 高效性 | 私密性 日常性 舒适性

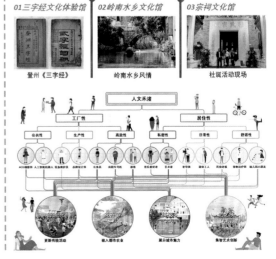

活·生态流

构建倚水而栖生态骨架 谱写现代宜居禾渚新城

基于体验视角梳理三类问题 ■ 水城空间相背发展 ■ 道路积水问题凸显 ■ 水质污染严重

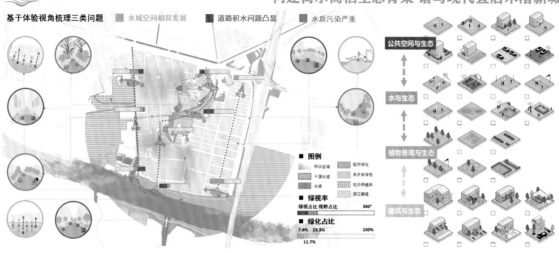

图例
- 积水区域
- 干涸水道
- 水系
- 既有绿化
- 未开发绿地
- 花卉种植田
- 滨江碧道

绿视率
绿视占比 视野占比 360°

绿化占比
7.6% 23.3% 100%
11.7%

公共空间与生态
水与生态
植物景观与生态
建筑与生态

STEP 3：营造和谐交融的共栖廊道

水网绿带构筑生态通廊，多样虹桥串联变化景致，共同营造宜栖宜居生境；为地域性生物多样性的引入人群多元活动的进行创造条件，让场地重返与自然共生的状态

■ 共栖廊道营造

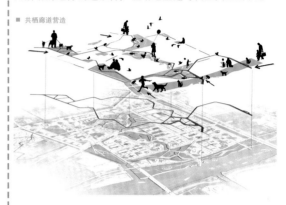

加入廊道绿化节点,创造舒适宜人的廊道景观

侧边种植 绿化延伸 遮阴廊架

休闲绿坛 喷泉节点 廊道绿化

STEP 1：编织生态多维的蓝绿网络

构建蓝绿网络

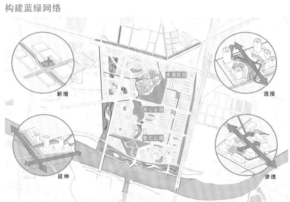

新增　连接　延伸　渗透

形成通风廊道

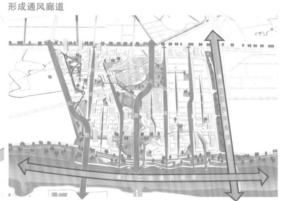

通过对禾渚自然条件分析，依托南北贯通的开放水系串联禾渚花田、禾心公园、智汇公园，形成空间连贯、功能多样的中央绿地；以绿心为辐射点，通过渗透、增加、延伸等一系列方式对场地绿地景观进行改造。

■ 沿中央绿地及西侧滨水形成**风廊**，宽度50米;
■ 沿主要道路形成20-30米风道;
■ 组团内部形成15米的风径;

STEP 2：构建刚柔并济的韧性河滨

结合特色水运体系雨洪管理

- 客运轮渡航线
- 次支航线
- 规划绿化
- 未开发绿化
- 花卉种植田
- 滨江碧道
- 客运轮渡站
- 水上巴士站
- 建议停靠站

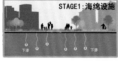
STAGE1：海绵设施

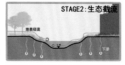
STAGE2：生态截流

STAGE3：绿廊分流

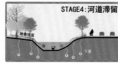
STAGE4：河道滞留

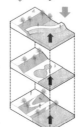

策划全天候多人群自然体验活动

观花
运动
夜游

亲子活动 Parent-child activities
运动休闲 Sports & Leisure
艺术文化 Art & Culture
户外活动 Outdoor activities
美食购物 Food & Shopping
水上活动 Water sports
风景摄影 Landscape photography
自然体验 Natural experience
智慧体验 Technology experience

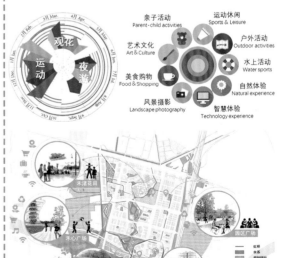

46

汩汩涓流 ∽ 循循织新
Trickling and weaving
佛山市三龙湾会展北区城市更新规划—

汇流·亘流

2021"南粤杯"6+1联合毕业设计
学校：南昌大学　指导老师：周志仪｜江婉平
小组成员：冯际帆｜王钰琪｜石筱瑶｜宗文可｜李玉婷｜程蕊｜钟言

禾渚织新—编织虹桥

我们关注人产绿三者间的联系，以虹桥为载体实现生产、生活、生态间的灵活交互。

创新文旅虹桥

多维生态虹桥

智创共享虹桥

三座虹桥将以分享与循环流动的特质，桥接昔日动态和谐的良性状态，助力青年才俊勇敢拼搏，成为创造多元未来的容器。

■ 智创共享虹桥　　　■ 创新文旅虹桥　　　■ 生态多维虹桥

[智汇、流动、人本]
Intelligent manufacturing & flowing & Humanism

展产联动冲破桎梏、科创要素流动、内外交互成长
EXHIBITION AND INDUSTRY LINKAGE UPGRADING, SCIENTIFIC INNOVATION ELEMENTS FLOW, INTERACTIVE-EXTERNAL GROWING

多元社群需求复合、原生记忆融合、包容人文脉续
MULTI COMMUNITY NEEDS COMPOUNDING, ORIGINAL MEMORY FUSION, INCLUSIVE HUMAN CONTEXT CONTINUING

水城相接和谐共生、有机水网渗透、无限绿意蔓延
WATER AND CITY HARMONIOUSLY COEXISTENCE, ORGANIC WATER NETWORK PENETRATION, UNLIMITED GREEN SPREAD

■ 节点设计——工厂改造活动中心

改造价值
经济利益——主体结构修建，节约资源，缩短建设周期　　历史价值——工业遗产价值（砖墙混结构）
生态价值——建筑垃圾减少，避免环境污染　　社会价值——带动经济发展，拉动场地就业

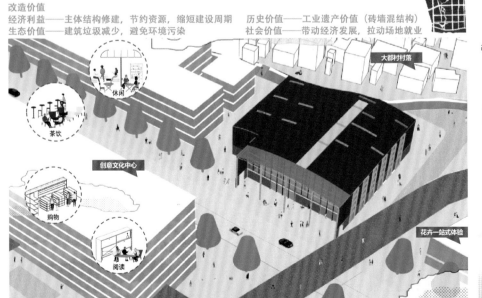

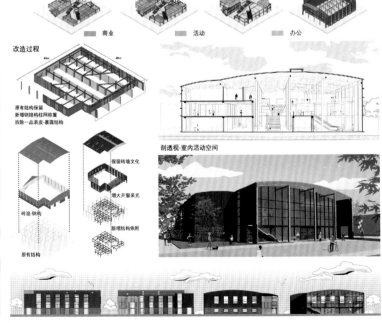

■ 商业　　■ 活动　　■ 办公

改造过程

节点设计——模块化产业园

室外空间模块变化

模块化建筑形式

基本单元：8.4m×8.4m
——适应地下停车和各种建筑使用空间

4×4　　4×6　　4×10

产业单元组合形式

1　2　3　4　5

由变化单元组成的建筑拼合成三个一组的建筑组团，组团内部通过连桥连接，形成产业单元。

模块根据建筑功能变化，并通过部分退让形成室外的交流空间，打造更好的共享办公环境。

场地几何控制

建筑模块累加

模块空间变化

建筑细节深化

建筑天窗　核心筒

■室外空间模块变化

首层空间模块组　　标准层空间模块组3

标准层空间模块组1　　标准层空间模块组4

标准层空间模块组2　　顶层空间模块组

[智汇、流动、人本]
Intelligent manufacturing & flowing & Humanism

通过规划以科创孵化总部经济为主体，商住文旅体验等功能兼容的高质量产业转型先行区，将打造潭州湾重要创新节点……我们期望构建"水城共生永续，展产联动互流"的美好蓝图；生态流、人文流与产业流共融交织形成循序渐进、无尽永前的智汇新城……

分期开发策略

■ 更新演绎1.0

■ 更新演绎2.0

■ 更新演绎3.0

■ 更新1.0：立新时代　■ 更新2.0：融心时代　■ 更新3.0：聚芯时代

■ 一期范围：63.60公顷
改造初期，沿潭洲水道开发，主要吸引新兴科创产业入驻，同时吸引驻地人才，将产业链整合升级，向智慧高效产业迈进。

■ 二期范围：66.70公顷
改造中期，依托佛山地铁二号线的建成，打造区域TOD，吸引流动人口，同时对禾滘村进行微更新改造，并且充分利用花卉世界，三馆一厅等旅游文化资源，联动发展。

■ 三期范围：76.26公顷
改造末期，模块化的产业集群逐渐成型，三维虹桥逐步落地，同时共享虹桥公共空间将进一步发展成为生产、生活、生态集成与交互的重要场所。

■ 1.0 立新时代

绿 碧道升级及建界面利用，加强水道界面利用，与智创公园合力打造生态地标，初步建立城河互动系统

产 引入新兴产业，启动孵化基地项目，吸引多维人才带动发展，触媒对岸会展中心平台

人 注入水堡文化及岭南风情，初步建立区域游憩点，丰富人群交往场所，激活人群美好生活

■ 2.0 融心时代

绿 植入绿色微空间，利用智能系统提升整体环境友好度，对接花卉世界打造禾滘花园

产 依托新建地铁站点打造区域TOD，对接上位旅游规划，融合文创改造吸引流动人口，助推产业升级

人 联动区域旅游文化资源丰富文化体验点，开展村庄微改造，建立禾滘村内外沟通纽带

■ 3.0 聚芯时代

绿 整体绿廊绿水网打造完成，积就全域覆盖的绿廊通道，生态可持续流动

产 产业集群成型，整体开发落地，多维创新产业流积极有序流动

人 人群需求得到解答，虹桥落成助力生产、生活、生态三维互动，活力生活文化永续流动

城市设计指南

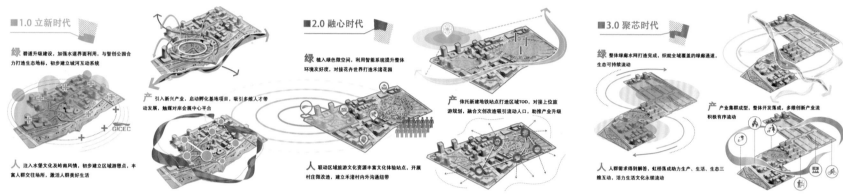

城市天际线

两馆一厅视角：TOD综合体 TOD complex、文创体验街区 Cultural and creative experience block、科技互动中心 Science and technology interaction center、Living Cube、商务总部 Business headquarters

广佛一环高速视角：智汇科创园 Scientific research center、产业研发中心 Industrial R & D Center、物流仓储中心 Logistics storage center、原料交易中心 Raw materials trading center

潭洲水道视角：商务总部 Business headquarters、智汇公园 Leisure Park、展览体验中心 Exhibition experience center、智汇科创园 Scientific research center

植物选配

智能设施

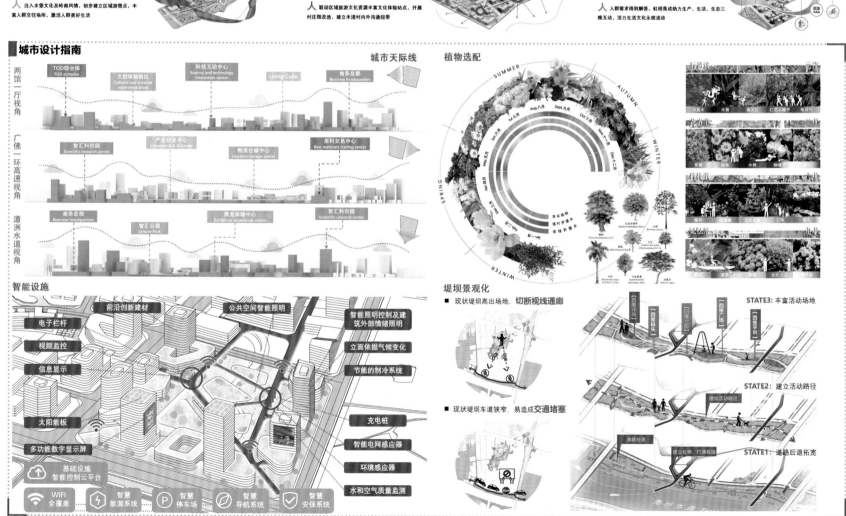

前沿创新建材、公共空间智能照明、电子栏杆、智能照明控制及建筑外部情绪照明、视频监控、立面依据气候变化、信息显示、节能的制冷系统、太阳能板、充电桩、多功能数字显示屏、智能电网感应器、环境感应器、基础设施智能控制云平台、水和空气质量监测

WIFI全覆盖、智慧能源系统、智慧停车场、智慧导航系统、智慧安保系统

堤坝景观化

■ 现状堤坝高出场地，切断视线通廊

■ 现状堤坝车道狭窄，易造成交通堵塞

STATE3：丰富活动场地
STATE2：建立活动路径
STATE1：道路后退拓宽

海绵城市设计手册

■基于景观生态特征的三级海绵系统

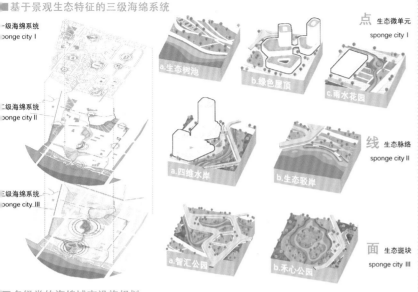

一级海绵系统 sponge city I

二级海绵系统 sponge city II

三级海绵系统 sponge city III

点 生态微单元
a.生态树池　b.绿色屋顶　c.雨水花园

线 生态脉络
a.四维水岸　b.生态驳岸

面 生态斑块
a.智汇公园　b.禾心公园

■多级类的海绵城市设施规划

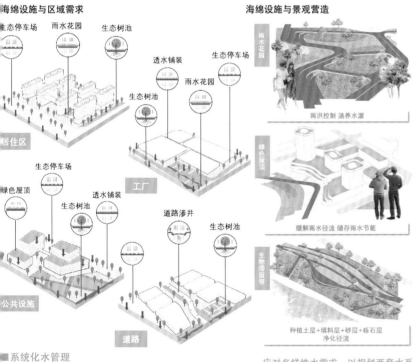

海绵设施与区域需求
生态停车场　雨水花园　生态树池
透水铺装　生态停车场
生态树池　雨水花园
居住区
生态停车场
绿色屋顶　透水铺装
生态树池
工厂
道路渗井
生态树池
公共设施
道路

海绵设施与景观营造

雨水花园
雨洪控制 涵养水源

绿色屋顶
缓解雨水径流 储存雨水节能

生物滞留带
种植土层+填料层+砂层+砾石层 净化径流

■系统化水管理

应对多样性水需求，以规划两套水系网络为载体，对雨水、污水、分散处理，循环利用

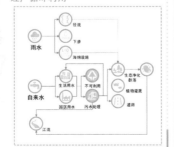

产业开发管理手册

■STAGE1：多元融资，打造共融流动资金池

吸引多方资金注入，支持鼓励非园区权利人参与园区改造在政策引导下共同形成流动资金池，串联各方利益，形成共容

■STAGE2：整合土地关系，企业循环混合开发

——加强园区连片整合改造

整合集体土地与国有土地关系，实现混合土地开发，并且引入企业竞争机制，保持企业活力生长

1 鼓励连片开发项目混合出让
2 完善连片整合园区梯级差额补偿机制，鼓励相邻园区进行联合报建开发，结合连片整合园区的个数、改造面积、土地连片整合成本，实行梯级差额补偿机制。

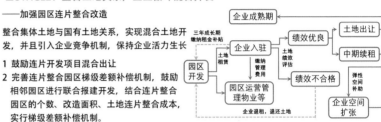

自主实施土地整理；推进土地整合开发利用鼓励连片开发项目混合出让

自主实施土地整理
除商品住宅项目外，允许凭改造方案和补偿协议直接协议供地

推进土地整合开发利用

鼓励连片开发项目混合出让

允许园区参照三旧改造项目开展建设用地置换

鼓励提高商品厂房容积率，允许配建15%配套设施与分割销售

园区内到期土地厂房由镇（街道）统一接管，以加快实施改造。近期改造厂房原则上由镇统一接管

——产业园区入园评估标准

1 入园项目适用范围
2 园区发展评定要求
　2.1 政府整理改造用地的经济指标要求
　2.2 集体整理改造用地的经济指标要求
3 园区改造提升项目扶持奖励办法
　3.1 拆除改造奖励项目要求与标准
　3.2 微改造类奖励要求及标准
　3.3 招商引资奖励要求及标准
　3.4 税收区级留成奖励要求及标准

引进固定资产投资额（人民币）	奖励标准
1000（含）-3000万元	固定资产投资额×0.4%
3000（含）-6000万元	固定资产投资额×0.5%
6000（含）-10000万元	固定资产投资额×0.6%
10000万元以上（含）	固定资产投资额×0.7%

固定资产投资额（人民币）	奖励标准
500（含）-1000万元	固定资产投资额×3%
1000万元（含）以上	固定资产投资额×3.5%

■STAGE3：实现园区共同运营，打破独立管理

——创新园区管理机制

1 发展"混合公司制"管理模式
・管理公司持股及管理人员构成
・政府介入，优化园区管理

2 推进园区高标准"双达标"
・制定和完善园区"双达标"标准
・实施"双公示"制度

3 建立园区评级制度和奖惩机制
・结合园区改造标准及发展方向
・健全园区评级奖惩机制

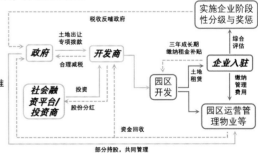

 + &

厦门大学

Xiamen University

尚小钰

回望三个月的毕业设计历程，非常感谢能够加入到南粤杯六校联合毕业设计大家庭当中。从初期调研辗转广州和佛山，再到中期汇报制作艺术装置和构思超级聚落模式，最后到成都答辩，我学习到了非常多专业知识，感受到了不同研究方向的老师和专家所带来的思维和思考，也结识了来自六校的各个有趣且努力的同学。衷心感谢为这次毕业设计付出、为同学们指导方案以及提供设计支持的各位老师、专家、学校及广东省院，毕设不是终点，我们将努力为成为一名优秀的规划学子而不断奋斗。

梅 婕

经过三个月的毕业设计，在老师的耐心指导和同学的团结合作下，我们顺利完成了大学本科的最后一份设计作业。在此我衷心感谢我们的指导老师王量量老师与郁珊珊老师，以及联合毕设的各位指导老师。同时也感谢我的同窗们，谢谢他们的鼓励和帮助，让我在欢声笑语中完成了毕设，给大学五年画上了一个圆满的句号。本科阶段的学习已接近尾声，新的征程即将开启，祝所有的老师和同学前途似锦，心想事成！

宋世尧

漫长又短暂的五年大学生涯即将结束，匆匆时光里总有一些值得记忆与回味的时刻存在并深深保留下烙印的痕迹。经过三个月的努力，毕业设计接近了尾声。毕业设计不仅是对前面所学知识的一种检验，而且也是对自己能力的一种提高。

兢兢业业、认真严谨、实事求是的学习态度，不怕困难、持之以恒、吃苦耐劳的精神是我在这次设计中最大的收益。这是一次意志的磨练，是对我实际能力的一次提升，也会对我将来的学习和工作有很大的帮助。

徐钲砚

三个月的时间转瞬即逝，六校联合毕设给了我们一个很好的舞台来展示我们本科阶段的学习成果。从实地调研到中期成果展示再到最后的成果答辩，有传统汇报模式，也有小品展示、艺术装置等新颖的模式，紧凑的安排让最后几个月十分充实。

不论最终结果如何，这次的经历是让人难忘而且受益匪浅的，各个学校的思路和做法特色鲜明，互相学习互相交流，感谢各位老师和同学的辛勤付出，希望未来的联合毕设更加精彩！

黄振锋

回顾联合毕设将近三个月的历程，从最初的暴雨天调研，到反复推敲、讨论设计理念，再到克服种种困难稳步推进，整个毕设过程充满挑战又令人难忘。其间穿插进多次阶段性汇报，老师们的点评和同学们的方案给了我们诸多建议和启发。毕业设计即将告一段落，衷心感谢南粤杯六校联合毕设为我们提供这一学习成长的平台，感谢六校老师和同学们的辛勤付出！祝愿联合毕设越办越好！

李进元

经过三个月同学的努力与各位老师悉心的指导，在毕设临近完成的同时，五年的本科生涯也即将进入尾声开始新的生活。

生活是一场无期限有目的的旅行。要披星戴月，披荆斩棘。要历经岁月的沧桑和尘世的烦扰，要忍受沉默的世界和空荡的长街。要坐错车下错站，要酣然入睡，要辗转反侧。要对影成醉，要孤灯止夜。大漠孤烟长河落日，山风满楼雪连天。生活的大门要推开，门外是百草欣荣。再次向学校、学院以及各位老师同学表示诚挚的感谢。

"超级聚落"
Super Settlement

指导老师：王量量 郁珊珊
作　者：尚小钰 梅婕 黄振锋 宋世尧 徐钲砚 李进元
学　校：厦门大学

—— 广东省佛山市三龙湾会展北区城市更新规划

背景 Planning Background

■ 研究范围

■ 三龙湾高端创新集聚区

本次研究范围位于佛山三龙湾高端创新集聚区，位于广佛接壤区域，是推进两地深度融合发展的重要支撑区，核心区面积130平方千米。

■ 潭洲会展北区

本次规划范围为会展北区，邻近陈村花卉世界与潭州国际会展中心，用地规模约2.1平方千米。

■ 上位规划

■ 《广佛高质量发展融合试验区建设总体规划》
全国都市圈治理与协同发展新典范，粤港澳大湾区创新开放新高地，广佛高品质岭南理想人居新标杆。

■ 《佛山市 "一环创新圈" 战略规划（2018）》
面向全球的国家制造业创新中心、全国创新驱动与产业转型示范区、粤港澳大湾区国际科技创新中心的承载区，构筑大一环创新圈，以东带西南北互促。

■ 《佛山市城市更新专项规划（2016-2035年）》
高新区或产业发展保护区内优势区位的旧厂房，可适当开展拆除重建，发展研发、中试、检测等功能，组团中心及轨道站点500m内的旧村居可适度考虑拆除重建。

■ 《佛山市碧道建设总体规划》
打造 "三环六带" 的碧道规划结构，"三环" 主要包括：佛山水道-潭州水道-陈村水道都心宜居碧道环等，是碧道建设的主线。"六带" 主要串联三个碧道环，是碧道建设的支线。

■ 《佛山三龙湾高端创新集聚区发展总体规划》
面向全球的先进制造业创新高地，珠江西岸开放合作标杆，广佛融合发展引领区，高品质岭南水乡之城。

■ 区位解读

· 根据佛山市城市轨道交通建设规划，由规划区出发可经城市轨道交通快速到达区域交通枢纽，换乘城际轨道交通
· 经广州南站、佛山西站等区域交通枢纽，可实现1小时内到达深圳、香港；
· 规划区向东至广州市中心约45分钟车程，向西至佛山市中心约20分钟车程。

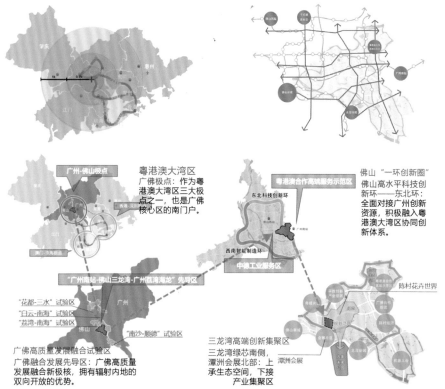

《广佛高质量发展融合试验区建设总体规划》　　《佛山市城市总体规划（2011-2020年）》

《佛山市"一环创新圈"战略规划（2018）》　　《佛山市中心城区总体城市设计纲要》

《佛山三龙湾高端创新集聚区发展总体规划（2020-2035）》　　《佛山市碧道建设总体规划》

场地问题总结

产业活力与未来使命不匹配

村级产业规模占比大且活力不足，土地利用低效，技术创新滞后，人才相对缺失。

人文环境与生活品质不匹配

生态要素破碎，环境差，生态与人群生活联系弱，文化感受弱。

陈村花卉世界
潭村工业区
大都村
物流城
潭村工业区
大都村
中央绿地
力源金属物流城
三英科力物流园
滨水碧道
潭洲水道

功能空间与发展诉求不匹配

空间肌理凌乱，空间割裂、形态散而不聚。高端服务设施缺位。

技术工人　企业职员　当地居民

人群联系与多元融合不匹配

人群构成多元，不同人群归属感弱，形成人群隔阂。

功能空间与发展诉求不匹配——内外部交通

外部交通——货运便捷，机动交通与公共交通可达性高

🚚 地块处于佛陈路与广佛江珠高速的交汇处，城市机动车与货运交通便捷。

🚇 地块同时处于广佛地铁二号线与八号线的交汇站——花卉世界站旁，公共交通方便

内部交通：人车混行，路况良莠不齐，易发生拥堵。

🚚 地块内部没有专用的货运道路，货车与其他车辆混行，运输效率低，易拥堵。

🚲 地块内部同样没有专门的非机动车道与人行道，人车混行，充满了安全隐患。

人文环境与生活品质不匹配——生态空间破碎、环境差

生态要素逐渐被厂房侵占，生态空间破碎，工业发展导致环境变差，自然环境与人群生活割裂，缺乏联系。

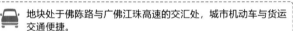
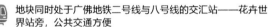
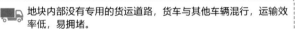

| 2002 | 2008 | 2021 |

绿地、基田面积1.2km²，占比64%；保留有部分网型水乡结构，工业开始兴起。

绿地面积0.64km²，占比33%；基塘被填，水乡格局消失，工业厂房逐渐占据空间，生态效益逐渐减弱。

绿地面积0.29km²，占比15%；水系受到污染，空间破碎，生态失衡，与周边环境割裂。

自然环境与周边厂房、村庄割裂，成生态孤岛。

 生态环境退化
地块内的原有自然基底被厂房逐渐侵占，生物多样性减少，生态效益逐渐降低。

 **水系污染**
地块内的生产污水与生活废水之间排至水系当中，导致水系被污染，水质差。

场地现状分析

功能空间与发展诉求不匹配——空间割裂

建设用地占比高，其中工业用地与物流仓储用地占据了六成，各组团相对独立，缺乏联系。

0　250

图例

■ 居住用地
■ 商业服务业用地
■ 教育科研用地
■ 文化设施用地
■ 工业用地
■ 物流仓储用地
■ 公园绿地
■ 农用地
■ 防护绿地
■ 水域

	用地类别	占地面积(公顷)	占比
建设用地	居住用地	11.08	5.28%
	商业用地	6.07	2.89%
	文化设施用地	0.04	0.02%
	教育科研用地	0.07	0.03%
	工业用地	70.58	33.61%
	物流仓储用地	54.85	26.12%
非建设用地	农用地	18.91	9.00%
	公园绿地	11.74	5.59%
	防护绿地	7.92	3.77%
	水域	4.46	2.12%

人文环境与生活品质不匹配——水系河流活力不足

场地内水环境较差，缺乏高品质滨水开敞空间；碧道与场地缺乏联系，步道亲水性较弱，整体活力不足。

花卉世界
禾滘村
碧道
潭州水道

■ 内河
■ 外江

江边碧道与工业区分隔好分明，一点联系都没有，步道离江边还比较远，而且好像没什么人，一点活力都没有。

部分水段都干涸了，水岸线也没有整治，而且水质也太差了，怪不得水边都没有设置公共空间，人们都不喜欢去水边活动。

外江现状
割裂
无活力

内河现状
水质差
干涸

亲水性弱　　　　　生态要素零碎

驳岸环境差　　　　缺乏开敞空间

水质差　　　　　　部分水段枯竭

■ 产业活力与未来使命不匹配——佛山产业视角

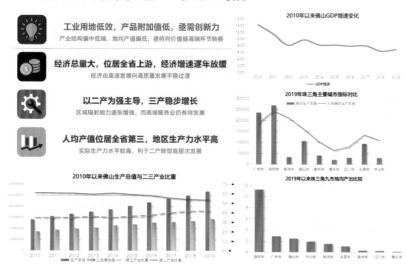

- **工业用地低效，产品附加值低，亟需创新力**
  产业结构偏中低端，地均产值偏低，亟待向价值链高端环节转移

- **经济总量大，位居全省上游，经济增速逐年放缓**
  经济由高速发展向高质量发展平稳过渡

- **以二产为强主导，三产稳步增长**
  区域辐射能力逐渐增强，而高端服务业仍有待发展

- **人均产值位居全省第三，地区生产力水平高**
  实际生产力水平较高，利于二产转型高层次发展

■ 产业活力与未来使命不匹配——三龙湾产业视角

- **位处"东北科创环"，资源流动优势明显**
  具备人才、技术、资金等创新要素快速流动的优势条件

- **具备"金融+科创"两大扇面，易于产业联动**
  金融扇面面具备商业功能、金融功能，人口集聚

- **三龙湾产业滞后于周边发展，产业与发展定位不匹配**
  以村级传统产业为主，产出能力弱，产品附加值低，未形成互补互促的产业发展格局

■ 产业活力与未来使命不匹配——位于广佛都市圈人口洼地

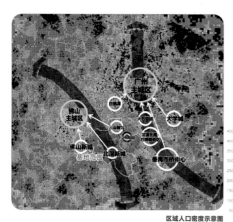

区域人口密度示意图

三龙湾人口密度较低

三龙湾总人口约30万人，平均人口密度为2308人/km²，毗邻广佛主城区人口集聚的中心。
三龙湾处于外围断裂圈层，是广佛都市圈内的人口洼地。

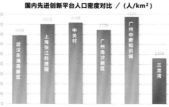

■ 产业活力与未来使命不匹配——高层次、高技术人才欠缺

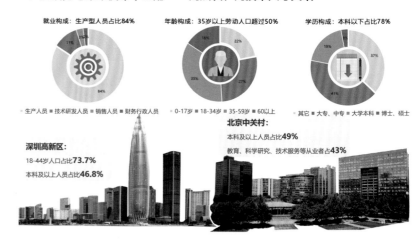

深圳高新区：
18-44岁人口占比73.7%
本科及以上人员占比46.8%

北京中关村：
本科及以上人员占比49%
教育、科学研究、技术服务等从业者占比43%

■ 人群联系与多元融合不匹配——社群联系疏离，缺乏归属感

· 随着工业区的扩张，商户和工人等外来群体涌入，导致人群构成发生变化。
· 由于外来群体与本地居民缺乏紧密的社群联系，外来群体的归属感难以形成。

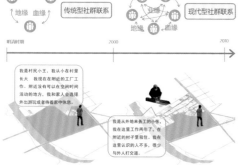

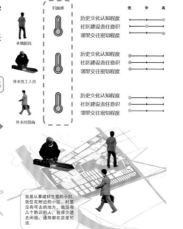

■ 人群联系与多元融合不匹配——缺乏交互空间，社群交往受阻

· 不同群体活动轨迹重合度不高，日常活动空间较为隔离。
· 现有公共活动空间仅为本地居民的交互场所，社群间缺乏多样的交互场所。

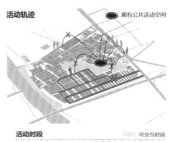

活动轨迹

交互空间需求

交互关系

活动时段

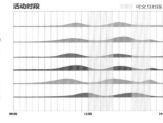

定位分析

工业体系健全，可满足粤港澳大湾区科创成果落实转化需求

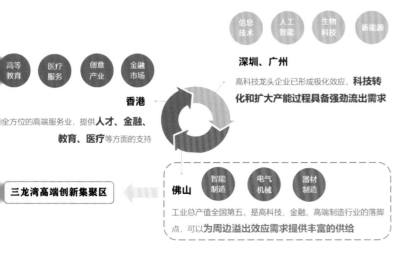

优质的创新配套服务缺失，创新空间系统性不足，企业创新转化困难

三龙湾纳税密度分析及创新要素分布

位处陈村花卉世界与北滘花博园两大生态要素衔接处，水乡特质明显

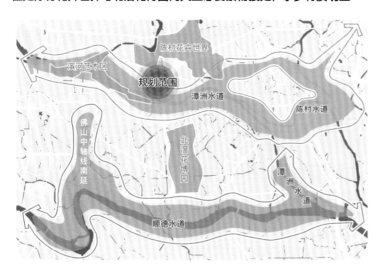

■ **与广深港区域构建一小时经济圈，广佛交界处承东启西优势明显，利于创新要素的集中统一和散发**

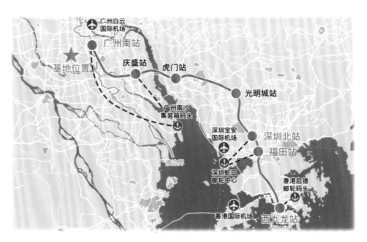

■ **周边已有国际合作基础，南部潭州会展效应可促进行业交流，加速市场反馈**

■ **规划定位**

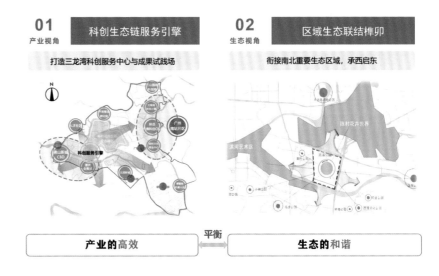

■ 传统聚落发展时期

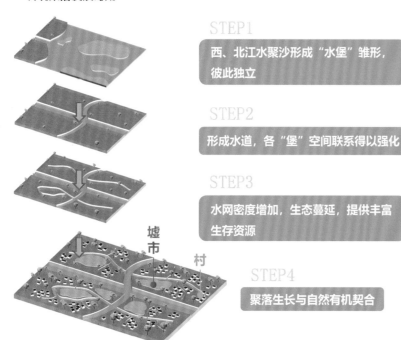

STEP1

西、北江水聚沙形成"水堡"雏形，彼此独立

STEP2

形成水道，各"堡"空间联系得以强化

STEP3

水网密度增加，生态蔓延，提供丰富生存资源

墟市 村

STEP4

聚落生长与自然有机契合

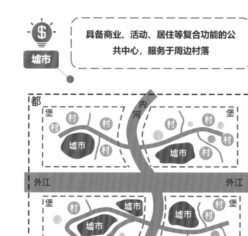

墟市 具备商业、活动、居住等复合功能的公共中心，服务于周边村落

村 最基本的居住单元，村多连壤，环水而居，节点公共空间位于河边

优势

↓

产业与生态的有机融合发展

↑

传统聚落发展时期

↓

难以适应城市的不断发展

↑

弊端

■ 近现代工业发展时期

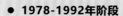

● 1978-1992年阶段	● 1992-2001年阶段	● 2001-2015年阶段

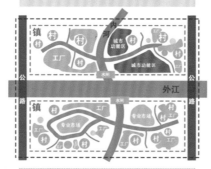

1. 区域公路形成、乡村工业点零散分布，形成城市功能区及专业市场。

2. 工业点增多，形态混杂交织，用地破碎程度高、水系形态减弱，水乡结构和生态破坏。

3. 功能形态向集约转化，景观功能整合，用地破碎化，水乡结构淡化，产业与生态难以共生发展。

优势

↓

一定程度满足城市发展需要

↑

近现代工业发展时期

↓

产业、生态平衡破坏，难两全

↑

弊端

■ 未来聚落发展挑战

产业的高效 ？ 生态的和谐

超级聚落模式 Mode of Super Settlement

超级聚落概念

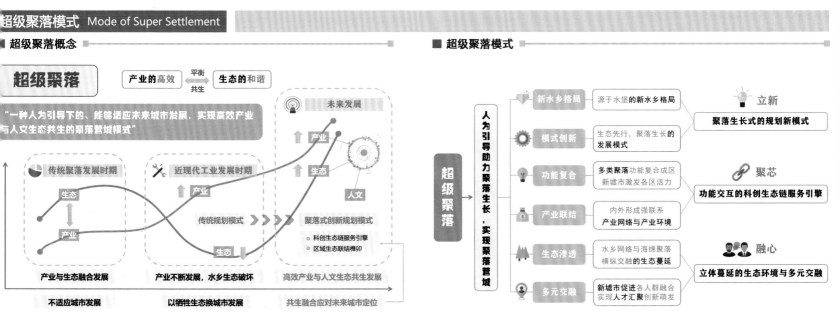

超级聚落

产业的高效 ⟷平衡共生⟷ 生态的和谐

"一种人为引导下的、能够适应未来城市发展，实现高效产业与人文生态共生的聚落营城模式"

超级聚落模式

人为引导助力聚落生长，实现聚落营城

新水乡格局	源于水堡的新水乡格局	立新 — 聚落生长式的规划新模式
模式创新	生态先行，聚落生长的发展模式	
功能复合	多类聚落功能复合成区 新墟市激发各区活力	聚芯 — 功能交互的科创生态链服务引擎
产业联结	内外形成强联系 产业网络与产业环境	
生态渗透	水乡网络与海绵聚落 横纵交融的生态蔓延	融心 — 立体蔓延的生态环境与多元交融
多元交融	新墟市促进各人群融合 实现人才汇聚创新萌发	

新水乡格局

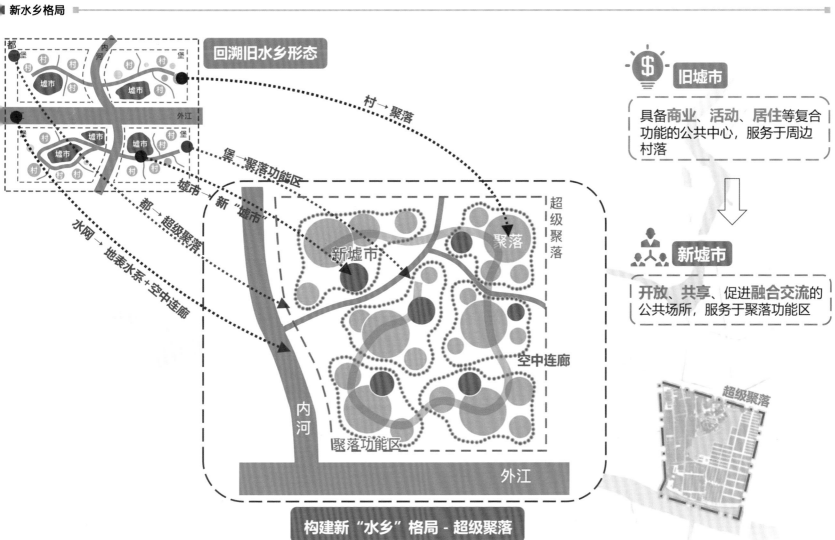

回溯旧水乡形态

村→聚落
堡→聚落功能区
墟市→新"墟市"
都→超级聚落
水网→地表水系+空中连廊

超级聚落

新墟市 聚落

空中连廊

聚落功能区

内河

外江

旧墟市
具备**商业、活动、居住**等复合功能的公共中心，服务于周边村落

新墟市
开放、共享、促进融合交流的公共场所，服务于聚落功能区

超级聚落

构建新"水乡"格局 - 超级聚落

■ 模式创新

■ 超级聚落演变

  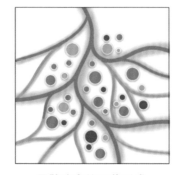 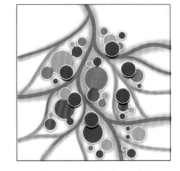

| 水系格局演变成岛 | 生态绿化逐渐蔓延 | 零散分布的聚落形成 | 功能集聚形成中心结构，建立交流共享新'墟市' |

■ 六类不同类型聚落与"新墟市"

 科创研发类聚落 ➡ **以科创成果设计研发为主**
功能包括：**孵化器、研发设计、联合办公、信息技术、众创空间等**

创智服务类聚落 ➡ **以科创成果综合服务为主**
功能包括：**工业设计、管理咨询、产权保护、科技金融、检测认证等**

制造试践类聚落 ➡ **以科创成果制造试践为主**
功能包括：**成果试验、智能制造、成品展示、物流配送等**

品质生活类聚落 ➡ **以居民生活功能为主**
功能包括：**社区生活、文化体验、休闲娱乐、SOHO公寓等**

 文化创意类聚落 ➡ **以岭南文化、工业文化展示为主**
功能包括：**创意构想、文化展示、文化体验、文化传媒等**

 活力生态类聚落 ➡ **以生态公共空间为主**
功能包括：**健康活动、绿色生态、休闲娱乐等**

功能共享 → 新墟市 ← 功能共享

■ 超级聚落结构

绿芯：结合现有水系与中心绿地，打造整个场地的生态绿芯，实现生态蔓延。

绿道发展轴：由绿芯蔓延开来，延伸到各个生态节点，形成衔接各类聚落的生态网。

墟市：不同类型的聚落间形成功能共享交流的平台——新"墟市"。

墟市互联共生链：功能共享交流的新"墟市"间相互联系，活力共生互促。

墟市活力：基于新"墟市"的共享交流功能，促进各类聚落间的有机融合。

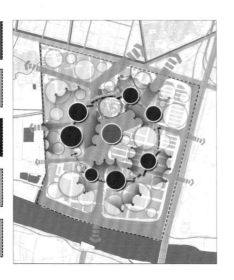

■ 功能复合

不同类型聚落之间按照合适比例复合形成具有不同主导职能的功能区域

科创研发区域：孵化器、研发设计、联合办公、信息技术、众创空间、SOHO公寓等

创智服务区域：工业设计、科创教育、管理咨询、产权保护、科技金融、行政办公、购物消费、商务公寓等

制造试践区域：成果试验、智能制造、成品展示、物流配送、公寓等

品质生活区域：社区生活、文化体验、休闲娱乐等

文化创意区域：创意构想、文化展示、文化体验、文化传媒等

活力生态区域：健康活动、绿色生态、休闲娱乐等

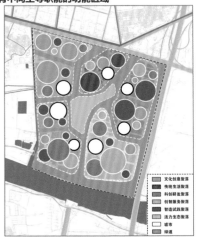

超级聚落模式 Mode of Super Settlement

■ 产业联结

打造面向中小企业的"技术服务+成果转化"试践场

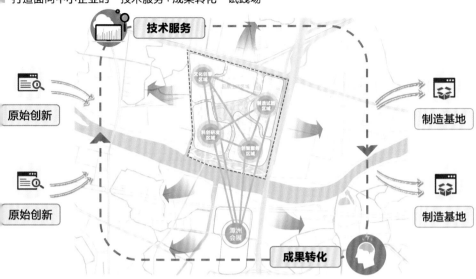

■ 超级聚落外产业 协同发展

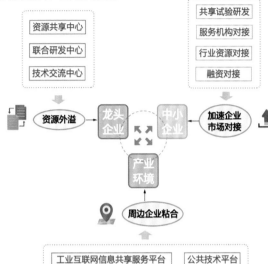

超级聚落内产业 链式融合

打造"技术研究 → 技术攻关 → 成果转化 → 试验制造 → 市场反馈"的科技创新生态链

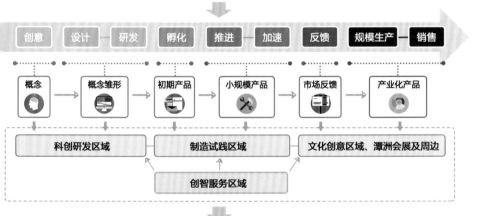

■ 为中小企业提供完善的项目熟化环境

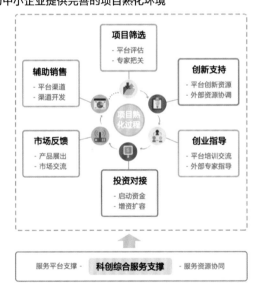

■ 生态渗透

水乡网络+海绵聚落

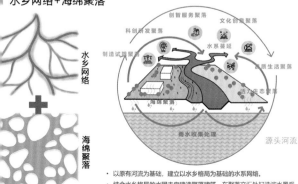

- 以原有河流为基础，建立以水乡格局为基础的水系网络。
- 结合水乡格局的网格走向建造聚落建筑，在聚落交汇处打造滨水景观。
- 结合雨洪管理系统打造海绵聚落。

■ 水系地形

水乡形态尚存，维持了原有的岭南形态。生态格局良好，绿色空间充足。

工业入驻南部水渠被覆盖，水乡形态开始被打破，绿色空间逐步减少。

农田被占用，水渠被覆盖，水乡形态消失，生态空间支离破碎。

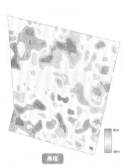

场地雨季内涝，后续中心生态绿地、雨洪管理与水系整治。

水乡网络构建

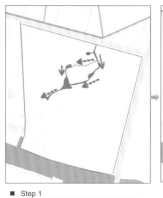 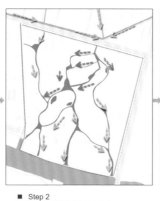

■ **Step 1**
沿用基地原有水系，进行现有水系的生态修复，形成北部以村庄为中心的水乡形态。

■ **Step 2**
在原有水系的基础上，根据暗渠及高程地形特点，引入新水系使整个场地水系完整。

■ **Step 3**
分别在水系北端与南端设置入口水闸与出口水闸，并以中心绿地为基础形成完整的绿地系统。

中央生态湿地

生态修复

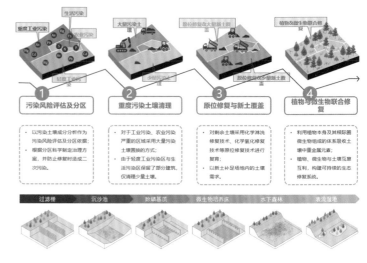

① **污染风险评估及分区**
- 以污染土壤成分分析作为污染风险评估及分区依据；
- 根据分区科学制定治理方案，并防止修复时造成二次污染。

② **重度污染土壤清理**
- 对于工业污染、农业污染严重的区域采用大量污染土壤置换的方式；
- 由于轻度工业污染区与生活污染区保留了部分建筑，仅清理少量土壤。

③ **原位修复与新土覆盖**
- 对剩余土壤采用化学淋洗修复技术、化学氧化修复技术等原位修复技术进行复育；
- 以新土补足场地内的土壤需求。

④ **植物与微生物联合修复**
- 利用植物本身及其根际圈微生物组成的体系吸收土壤中重金属元素；
- 植物、微生物与土壤互惠互利，构建可持续的生态修复系统。

过滤栅　沉沙池　脱磷基质　微生物培养床　水下森林　表流湿地

雨洪管理——分步构建完善的雨洪管理体系

Step1—设置水闸

水道入口水闸
水道入口水闸
湿地蓄水闸
中央生态湿地
湿地蓄水闸
水道出口水闸
水道出口水闸
漳州水道

通过中央生态湿地，增强场地调蓄净化雨水能力。

通过水闸，在旱季和雨季时适当的控制水流量，调节场地内水位，防止排涝、营造水景观。

Step2—水道改造

绿地　河道　绿地
原水道

将水道改造为自然形态，用自然河漫滩坡地代替原有排洪坡，加入亲水岸线空间。

河道　亲水平台　绿地
旱季水位低时

旱季时，水位较低，坡地水岸成为公众亲近水源和植物的场所。

河道　亲水平台　绿地
增大排洪面积
雨季水位高时

雨季时，水量增加，水位提高，坡地扩大为排洪面积，排放更多雨量。

Step3—建立排水模式

根据场地地形和景观规划设计，遵循分散排水理念，每个聚落功能区为一个排水分区，对各分区雨水实施分散管理，通过生态草沟排入水道，再通过水道排入中央生态湿地进行调节。

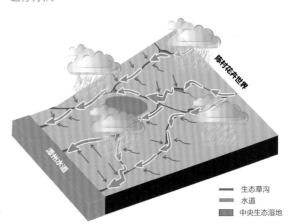

陈村花卉世界
原村花卉世界
漳州水道
立体生态廊

- 生态草沟
- 水道
- 中央生态湿地

雨洪排水模式

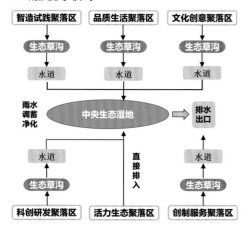

智造试践聚落区 → 生态草沟 → 水道
品质生活聚落区 → 生态草沟 → 水道
文化创意聚落区 → 生态草沟 → 水道

雨水调蓄净化　**中央生态湿地** → 排水出口

科创研发聚落区 → 生态草沟 → 水道
活力生态聚落区 →（直接排入）
创制服务聚落区 → 生态草沟 → 水道

生态修复周期

2022 **2025** **2030** **2050**

- 完成污染评估与修复方案制定；
- 拆除非保留建筑后开始启动生态复育与水系治理。

- 场地重度污染清理完成，覆盖新土并引水成网；
- 构建"植物+微生物"微生态系统。

- 实现场地内可持续的生态修复体系；
- 构建多样化的生物系统，提高物种丰富度。

- 在低人工干预下，使场地内生态系统经过自然演替成为更高级和复杂的、具备自恢复力的生态系统。

横纵交融的生态蔓延

让生态链从平面向空间延伸，打造垂直花园和空中广场，扩充人的交互领域。

多元交融

多元交融——外来人才引进

人才引进Part1——政策先行，成立人才组织

生活服务　住房
补贴保障　奖励

提供 创业平台 产业就业 运营管理　吸引 外来人才

Now — 政策先行　Future — 人才组织　相互促进　外来人才

人才引进Part2——企业在地培养

政府　科研机构
教育培训
高等院校、职业技术学校
目标培训
中小企业

龙头企业、大型企业
技术指导　市场对接
培训平台、教育机构　政府
会展服务　定制化培训
中小企业

人才引进Part3——提供优质工作空间

办会空间／会展集团／体验空间／活动展示公共平台／休闲交流平台

多元交融——在地人群转型

发展指引 ＋ 角色分工
技能低／文化低／机会少／参与低

在地人群现状 → 文化教育／技能培训／就业指导／政策支持 → 发展指引 → 智造工人／营商服务／环境管理／文化体验 → 角色分工 → 融入管理 → 原商家／原居民／原村人

商业营销管理服务／文化营销农业体验教导／产业职员环境管理人员

● 在地人群转型运行机制　● 在地人群转型空间需求营造

政府	完善保障制度 资金政策支持 引导、监督 稳定信心、协调各方	推动
企业	提供资金 提供开发经营技术 培训服务技能 提供就业岗位	运作
在地人群	了解当地文化 提供劳动力 提供服务 文化体验指导	参与
社会组织	管理委员会 就业管理平台 NGO 制度组织协调	保障

智造工厂员工／技术人员／产业职员／环境整治／环境提升／环境管理／商业经营／文化营销讲解／农群教导

在地人群转型实施形式

在地人群（参与）	政府（指导推动）	企业（运作支持）	新转型人群（参与）
村中青年	提供教育资源 / 完善教育保障	拓展学习资源 / 网络互动学习	环境治理人员
村中中年	培训服务技能 / 村中青年	培养技能化 / 工作职业化	文化营销人员
村中老人	完善保障机制 / 组织老年学习	提供资金 / 提供参与平台	新职业化工人
工厂工人	提供制度支持 / 完善生活补助	提供技术支持 / 提供结业岗位	NGO组织成员
经营商家	优惠政策支持 / 引导与监督	增加商业合作机会 / 提供商业咨询服务	企业员工
商业访客	营造商业洽谈环境 / 促进企业合作	提供合作机会 / 吸引商家入驻	

多元交融——多元人群融合

人群	外来人才、租客工人	在地转型人群、周边居民	游客、随迁人群
活动类型	工作 交际 休憩 创想 购物	服务 交际 工作 游憩 购物	休憩 聊天 游览 购物 体验
需求偏好	经济 休闲 文化 办公 居住	经济 休闲 文化 办公 居住	经济 休闲 文化 办公 居住
空间诉求	工作空间 / 互动交往 / 生活服务	文化交流 / 社会交往 / 绿色休闲 / 生活服务	文化交流 / 绿色休闲 / 交往服务

多元人群交融策略——新墟市交融空间营造

人群类型	对应墟市	活动类型
科创研发人员	超脑墟市	产品研发设计 网络互联办公 商业洽谈平台
企业高管	智服墟市	高质企业合作 信息技术服务 商业技术交流
企业员工	质造墟市	智能生产制造 创意产品展示 新型技术实践
科技人才	集思墟市	社区空间打造 亲子空间营造 和谐生活营造
新职业化工人	屋坊墟市	文化活动组织 传统文化展示 盘活记忆空间
专业专家	生态墟市	污染场地修复 水乡生态打造 生活环境营造
NGO组织成员		
新住户		
社区治理人员		

多元人群情境交融

【在地人群】 在屋坊墟市当中做生意，带点烟火气息，更接地气，可以和各种人群更快的建立友好关系。而且还可以在集思墟市当中讲解我们当地的文化，让更多的人了解我们的传统文化。

【智造墟市】【屋坊墟市】【智服墟市】【集思墟市】【智服墟市】【集思墟市】【超脑墟市】【超脑墟市】

【外来人才】 像我这样的人才，在超脑墟市和智服墟市当中能够跟其他的人才交流，对我自身的帮助也非常地大，创新灵感不断进发。在其他墟市当中也能和各种人群友好交往，很快乐。

【务工人员】 我是来超级聚落务工的外来人，在智造墟市当中能学到很多的东西，和其他来务工的人交流，感觉在这个地方工作氛围很好。

【游客、随迁人群】 超级聚落中的自然景观非常地棒，让我真切地感受到"绿水青山就是金山银山"，在当中游览生活，能够和多方人群交流，认识很多有趣的人。

际村花卉世界／佛陈路／广佛江珠高速／潭州水道

第一阶段—拆改留分析

拆改留示意图

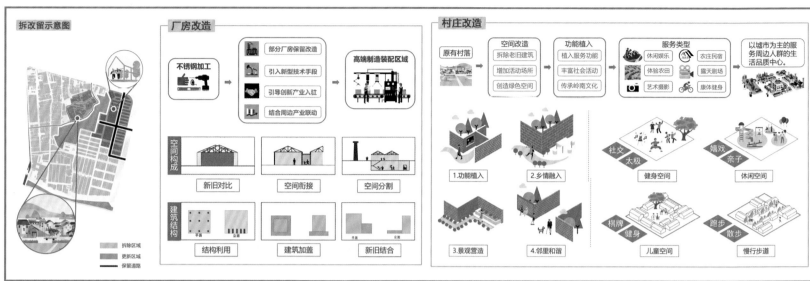

拆除区域
更新区域
保留道路

厂房改造

不锈钢加工 →
- 部分厂房保留改造
- 引入新型技术手段
- 引导创新产业入驻
- 结合周边产业联动

→ 高端制造装配区域

空间构成
- 新旧对比
- 空间衔接
- 空间分割

建筑结构
- 结构利用
- 建筑加盖
- 新旧结合

村庄改造

原有村落 →

空间改造
- 拆除老旧建筑
- 增加活动场所
- 创造绿色空间

功能植入
- 植入服务功能
- 丰富社会活动
- 传承岭南文化

服务类型
- 休闲娱乐
- 体验农田
- 艺术摄影
- 农庄民宿
- 露天剧场
- 康体健身

→ 以城市为主的服务周边人群的生活品质中心。

1.功能植入　2.乡情融入　3.景观营造　4.邻里和谐

社交 太极 — 健身空间
嬉戏 亲子 — 休闲空间
棋牌 健身 — 儿童空间
跑步 散步 — 慢行步道

第二阶段—实行生态修复

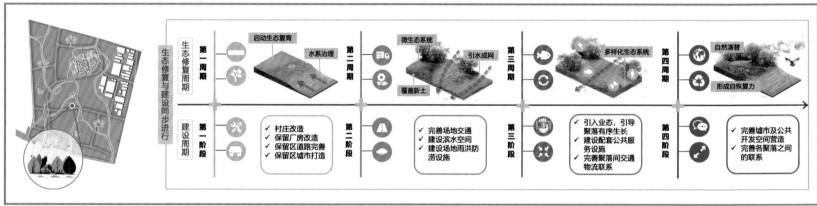

生态修复周期
- 第一周期：启动生态复育、水系治理
- 第二周期：微生态系统、覆盖新土、引水成网
- 第三周期：多样化生态系统
- 第四周期：自然演替、形成自恢复力

建设周期
- 第一阶段：
  - ✓ 村庄改造
  - ✓ 保留厂房改造
  - ✓ 保留区道路完善
  - ✓ 保留区城市打造
- 第二阶段：
  - ✓ 完善场地交通
  - ✓ 建设滨水空间
  - ✓ 建设场地雨洪防涝设施
- 第三阶段：
  - ✓ 引入业态，引导聚落有序生长
  - ✓ 建设配套公共服务设施
  - ✓ 完善聚落间交通物流联系
- 第四阶段：
  - ✓ 完善城市及公共开发空间营造
  - ✓ 完善各聚落之间的联系

第三阶段—交通体系完善

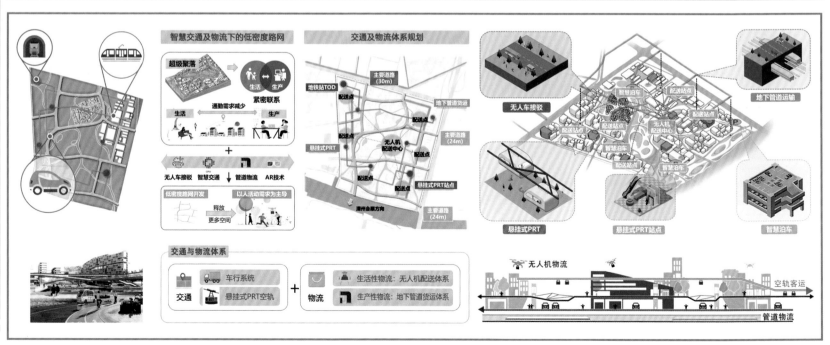

智慧交通及物流下的低密度路网

超级聚落 → 生活 生产 紧密联系
通勤需求减少
生活 生产

无人车接驳　智慧交通　管道物流　AR技术

低密度路网开发 → 以人活动需求为主导
释放更多空间

交通及物流体系规划

地铁站TOD
主要道路（30m）
地下管道货运
无人机配送中心
配送点
悬挂式PRT
悬挂式PRT站点
主要道路（24m）
潮州会顺方向
主要道路（24m）

无人车接驳
智慧泊车
配送站点
无人机配送中心
地下管道运输
悬挂式PRT
悬挂式PRT站点
智慧泊车

交通与物流体系

交通
- 车行系统
- 悬挂式PRT空轨

物流
- 生活性物流：无人机配送体系
- 生产性物流：地下管道货运体系

无人机物流
空轨客运
管道物流

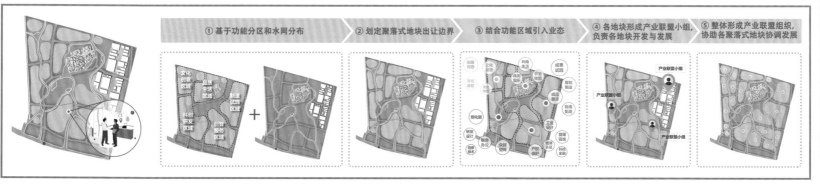

① 基于功能分区和水网分布 ② 划定聚落式地块出让边界 ③ 结合功能区域引入业态 ④ 各地块形成产业联盟小组，负责各地块开发与发展 ⑤ 整体形成产业联盟组织，协助各聚落式地块协调发展

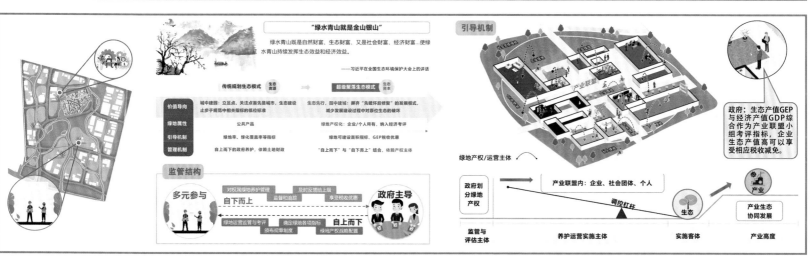

"绿水青山就是金山银山"

绿水青山既是自然财富、生态财富，又是社会财富、经济财富...使绿水青山持续发挥生态效益和经济效益。

——习近平在全国生态环境保护大会上的讲话

引导机制

政府：生态产值GEP与经济产值GDP综合作为产业联盟小组考评指标，企业生态产值高可以享受相应税收减免。

监管结构

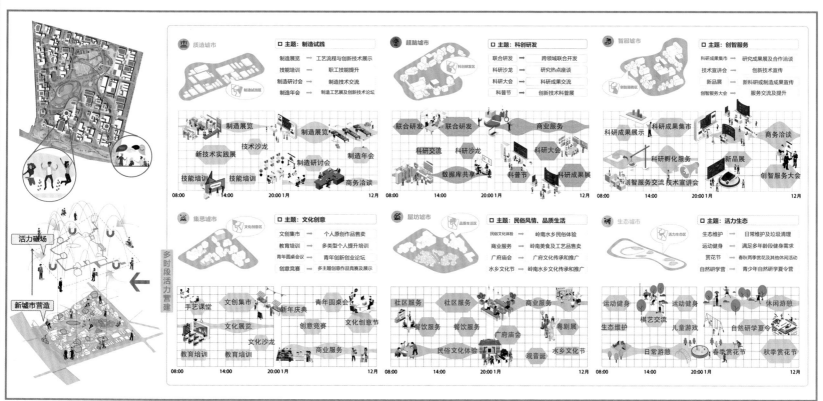

质造城市　□ 主题：制造实践
制造展览 → 工艺流程与创新技术展示
技能培训 → 职工技能提升
制造研讨会 → 制造技术交流
制造年会 → 制造工艺及创新技术论坛

超脑城市　□ 主题：科创研发
联合研发 → 跨领域联合开发
科研沙龙 → 研究热点座谈
科研会议 → 科研成果交流
科普节 → 创新技术科普节

智服城市　□ 主题：创智服务
科研成果集市 → 研究成果及合作洽谈
技术宣讲会 → 创新技术宣传
新品展 → 新科研及制造成果宣传
创智服务大会 → 服务交流及提升

集思城市　□ 主题：文化创意
文创集市 → 个人原创作品售卖
教育培训 → 多类型个人提升培训
青年圆桌会议 → 青年创新创业论坛
创意竞赛 → 多主题创意作品竞赛及展示

屋坊城市　□ 主题：民俗风情、品质生活
民俗文化体验 → 岭南水乡民俗体验
商业服务 → 岭南美食及工艺品售卖
广府庙会 → 广府文化传承和推广
水乡文化节 → 岭南水乡文化传承和推广

生态城市　□ 主题：活力生态
生态维护 → 日常维护及垃圾清理
运动健身 → 满足多年龄段健身需求
赏花节 → 春秋两季赏花及其他休闲活动
自然研学营 → 青少年自然研学夏令营

总平面图 Master Plan

1	地铁站TOD	11	三龙小学
2	文化创意聚落	12	科创研发聚落
3	社区生活聚落	13	管道交通站点
4	屋坊墟市	14	休闲购物中心
5	智造工厂	15	创新孵化中心
6	智造墟市	16	管理咨询中心
7	智服墟市	17	商务写字楼
8	滨水湿地公园	18	中央湿地公园
9	超脑墟市	19	空中步道&管道交通
10	众创空间	20	农娱体验田

用地面积	2018515.1 m²
建筑密度	20.70%
容积率	2.5
建筑高度	5-140 m
建筑面积	5197726 m²
水域面积	16.4公顷
道路面积	14公顷
绿地面积	120公顷
绿地率	61%

滨水绿地空间分析

打造滨水湿地公园，丰富滨河岸线人群活动
使其既与中央湿地公园协同发展，又与滨河艺术区的滨水活动相融合
形成潭洲水道标志性活力水带。

水上游憩活动

滨水湿地公园休闲绿带

中央湿地公园

滨水湿地公园

滨河艺术区

潭洲水道

主界面天际线分析

■ 沿潭州水道界面：结合滨水公园与潭州水道，打造层次丰富，具有超级感的天际轮廓和建筑界面。

■ 沿广佛高速界面：滨水空间、保留改造厂房与新建现代建筑相结合，形成丰富的建筑界面感受。

■ 沿佛陈路界面：形成错落有致，疏密相间的界面轮廓，引导人群进入聚落当中。

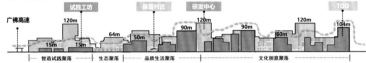

营造：方案鸟瞰图　Aerial View

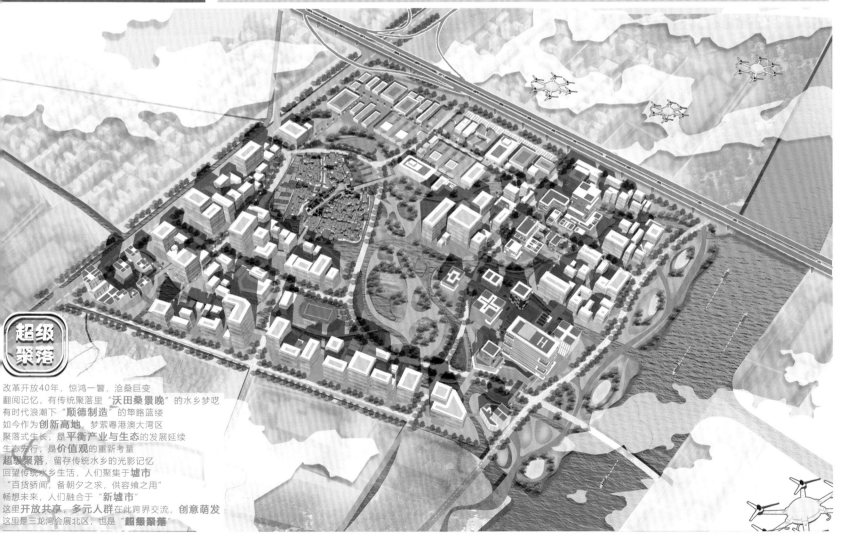

超级聚落

改革开放40年，惊鸿一瞥，沧桑巨变
翻阅记忆，有传统聚落里"沃田桑景晚"的水乡梦呓
有时代浪潮下"顺德制造"的筚路蓝缕
如今作为创新高地，梦萦粤港澳大湾区
聚落式生长，是平衡产业与生态的发展延续
生态先行，是价值观的重新考量
超级聚落，留存传统水乡的光影记忆
回望传统水乡生活，人们聚集于城市
"百货骈阗，备朝夕之求，供容飨之用"
畅想未来，人们融合于"新城市"
这里开放共享，多元人群在此跨界交流，创意萌发
这里是三龙湾会展北区，也是"超级聚落"

■ 配套服务分析——公共配套服务设施布局：圈层效应，层级布点

针对各聚落的功能结构布局，结合新墟市布局复合、多层级的公共服务设施体系，形成300M、500M多层级服务圈层，形成公共平台圈层效应，最终成为整个超级聚落的公共服务设施平台。

生产服务
- **智力支持**（实训基地、研发机构等）
- **商务服务**（酒店、办公楼、展览中心）
- **各类创新载体**（加速器、孵化器、众创空间）

生活服务
- **商业服务系统**（社区商业、餐饮服务、公寓）
- **文化教育系统**（幼儿园、中小学培训机构、美术馆、图书馆、科技馆）
- **休闲空间系统**（开敞空间、绿地、湿地公园）
- **社会保障系统**（公安局、消防局、综合医院、社区医院、社会服务部门、福利院）

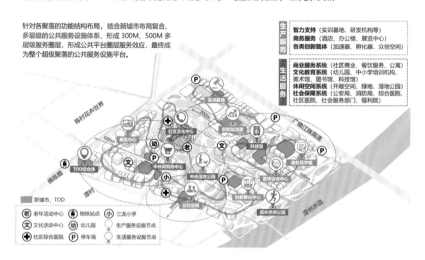

■ 配套服务分析——智慧信息技术和创新生态布局

智慧　在场地中融入以物联网、云计算、移动互联网等为代表的新一代信息技术。

生态　知识社会环境下逐步孕育开放的城市创新生态。

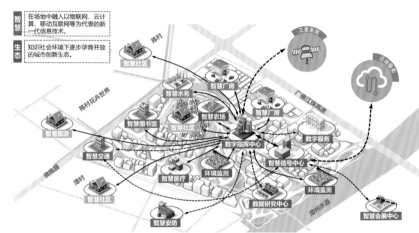

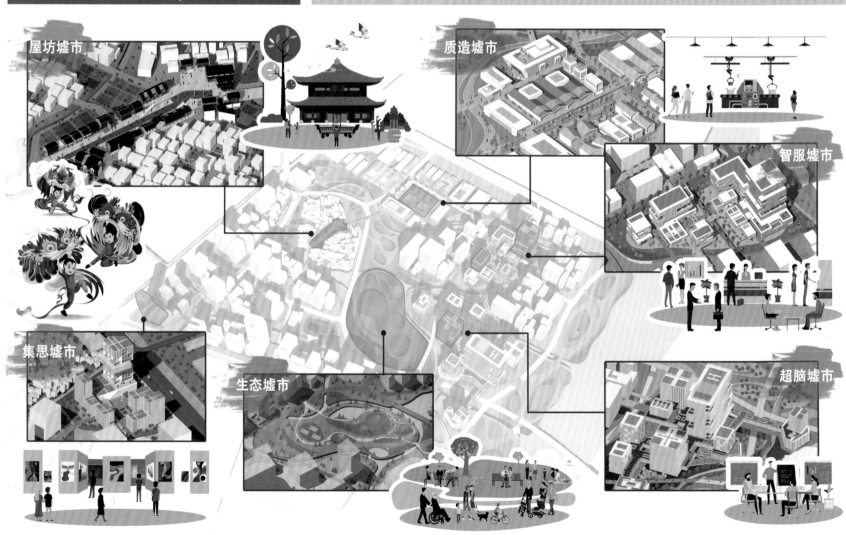

屋坊墟市　质造墟市　智服墟市　集思墟市　生态墟市　超脑墟市

生态墟市节点景观营造分析

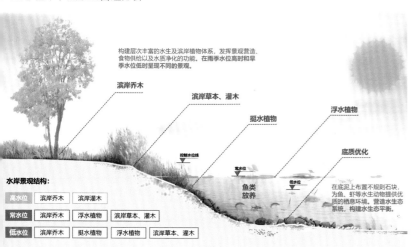

构建层次丰富的水生及滨岸植物体系，发挥景观营造、食物供给以及水质净化的功能。在雨季水位高时和旱季水位低时呈现不同的景观。

在底泥上布置不规则石块，为鱼、虾等水生动物提供优质的栖息环境。营造水生态系统，构建水生态平衡。

水岸景观结构：

高水位	滨岸乔木	滨岸灌木	
常水位	滨岸乔木	浮水植物	滨岸草本、灌木
低水位	滨岸乔木	挺水植物	浮水植物	滨岸草本、灌木

生态墟市节点空间营造分析

■ 晴天旱季时

✓ 水道水位下降，形成湿地景观。
✓ 水池水位下降，滨水阶梯可供游人休憩。

■ 多水雨季时

✓ 水道上涨，湿地起到泄洪引流的作用，防止内涝。
✓ 水池水位上升，起到良好的蓄水作用。

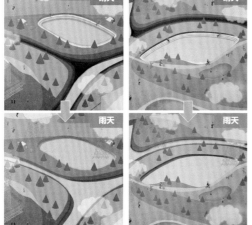

生态墟市节点活动分析

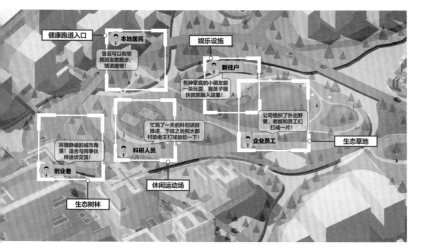

超脑墟市节点活动分析

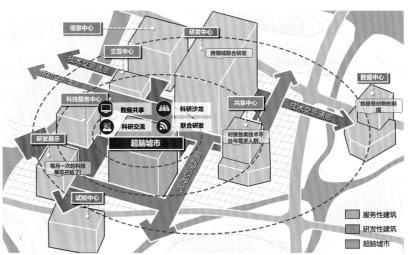

超脑墟市节点营造分析

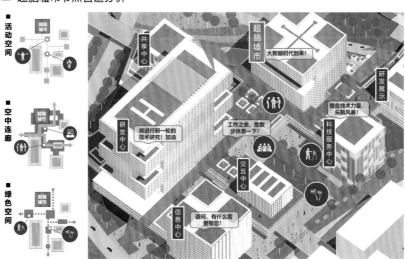

超脑墟市节点空间分析

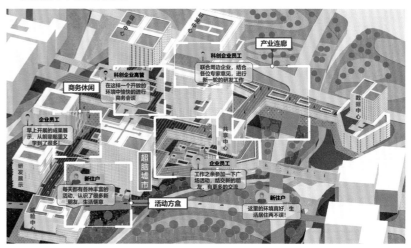

■ 集思墟市节点空间分析

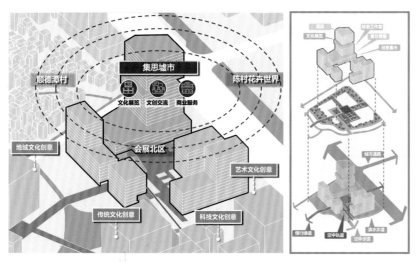

■ 屋坊墟市节点空间分析

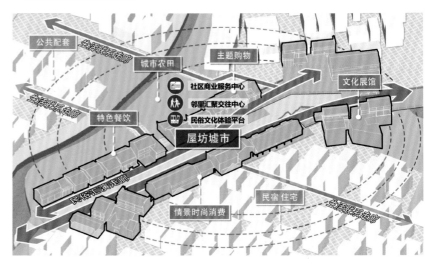

■ 集思墟市TOD模式分析

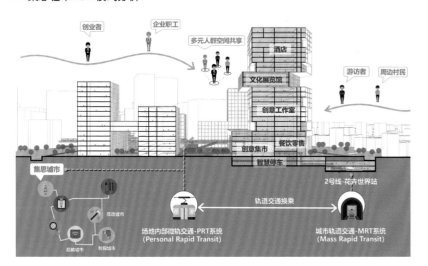

■ 屋坊墟市节点改造分析

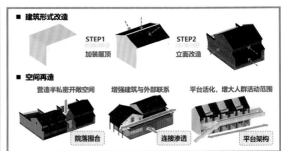

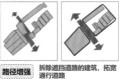

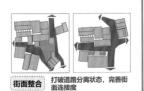

■ 集思墟市节点活动分析

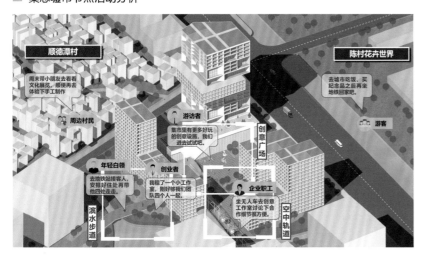

■ 屋坊墟市节点活动分析

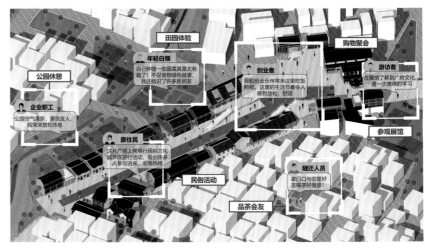

质造墟市节点空间分析

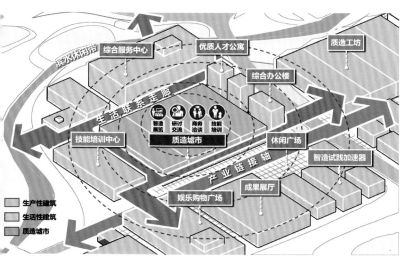

智服墟市节点空间分析

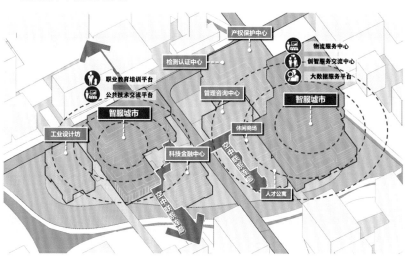

质造墟市节点改造分析

智服墟市节点营建分析

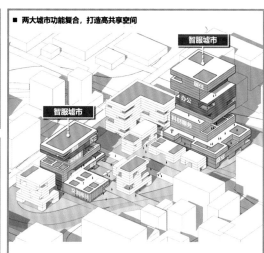

质造墟市节点活动分析

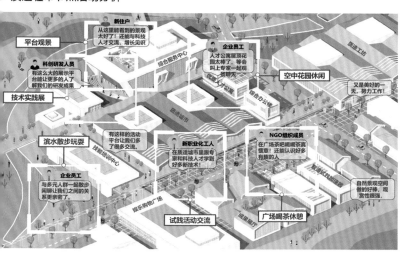

智服墟市节点活动分析

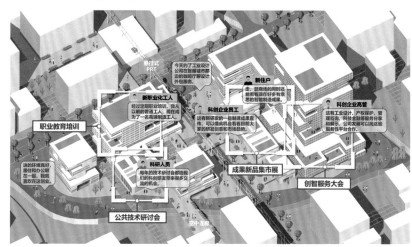

四川大学

Sichuan University

靳雅琪

为期三个月，最终迎来毕业设计的尾声，也即将为自己的本科学习阶段画上句号。感谢与南粤杯六校联合毕设大家庭的相遇，感谢在此期间广东省规划院的鼎力支持，有幸听到宝贵的专家讲座，很开心遇到来自五湖四海的大家。在这里我收获了许多不一样的体验：拍调研视频、做艺术装置……每一项成果都与老师的倾心传授、队员的合力互助是分不开的。最后的成果有收获、当然也有不足和提升空间，毕设的完结不是结束，是迈向更远的路的开始，希望之后的路也要一直踏踏实实地走下去、勇往直前。

李楚鸿

五年说着似乎很长，但真正来到毕设完成这刻才发现原来大学五年真的很短。毕设的这几个月，从前期调研到集中营再到终期答辩，一次次的交流汇报，在赵炜老师和王超深老师的指导和帮助下，在省规院各位领导、专家以及毕设各校老师的支持和关怀下，我们终于顺利完成了毕业设计，为本科阶段画上一个圆满的句号。再回首，犹记毕设初期小组成员间还未形成"合力"，后来随着方案进度不断推进，小组成员间不断磨合，愈发团结。整个过程忙碌而充实，受益颇多。向前看，毕设的结束意味着新的开始，我们将踏上新的旅程。衷心祝愿各位前程似锦，万事顺意！

梁芊芊

很荣幸参与此次六校联合毕业设计，让我对家乡的现状发展有了深刻了解，并通过所学知识为其未来发展出谋划策!在此感谢本校赵老师与王老师以及其他老师、专家的教导与鼓励，更要感谢各位小组成员的团结协作、互相帮助。比赛的结束意味着新的起点，愿我们未来都将扬帆起航，不负韶华！

宋一鸣

和南粤杯的最初接触是在两年前，当时我还是川大站的一名志愿者，如今已是南粤杯的一员。加入南粤杯的目的之一是想让自己的毕设更加丰富和充实,也算是给五年的规划学习交上一份不那么潦草的答卷，在这里非常感谢省规院和各位指导老师能给我这样一次机会。三个月过得很快也很慢，其中不免有许多焦虑，幸运的是，在老师和组员的共同努力下，我们还是完成了最终成果，虽然其中有很多不足，但这更加提醒我们要脚踏实地，继续在规划领域中探索。

田丽玲

时光的脚步在悄然无声地向前奔走着，在我们不知不觉间，毕业设计就已经接近了尾声。短短数月的毕业设计历历在目，我们在不断地磨合、推敲中一路走来，这其中的欢笑、沮丧、拼搏、奋斗，我都深有体会。一次次从失落走向成熟中，磨练了我的心志，考验了我的能力，也证明了自己，发现了自己的不足。脚踏实地、认真严谨、实事求是的学习态度，不畏困难、坚持不懈、团结拼搏的精神是我在这次设计中的收益。前路漫漫，希望我们每个人都能坚持自己所选之路。

张程淞

这次的毕业设计帮助我重新认识了乡村，认识了广东地区的发展，也结识了来自五湖四海的同学们。几个月的砥砺前行给了我宝贵的收获，感谢老师的指点，队友的包容以及南粤杯这个交流的平台，让年轻的建筑学子们彼此碰撞出思维的火花。如今毕业在即，桃李春风一杯酒，江湖夜雨十年灯，希望我们来日在城市与山水之间还能重逢。

水蔓联城
融情共生

—— 基于有机生长、多元共生理念的
佛山市三龙湾会展北区城市更新规划

指导老师：赵炜 王超深
作 者：靳雅琪 李楚鸿 梁芊芊 宋一鸣 田丽玲 张程淞
学 校：四川大学

自行车道
下沉运动场
立体农场
兼氧池
塘床系统

区位分析 District Analysis

▌中观区位分析

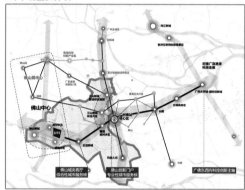

基地所属的佛山三龙湾高端创新集聚区地处广佛接壤区域，与广州南站一河之隔，是粤港澳大湾区中心区域、广佛极点几何中心。区位交通条件优越，是佛山推进粤港澳大湾区建设的核心平台，是做大做强广佛极点、推进两地深度融合发展的重要支撑区，是粤港澳大湾区建设国际科技创新中心的重点创新平台。

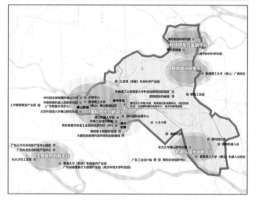

粤港澳大湾区发展格局：
极点带动、轴带支撑
未来可能的湾区一体格局：
广佛超级都市区

顺德北部：
珠三角轨道网的重要节点，融入大湾区的战略节点网络体系，向国际、塑造国际化顺德。

▌微观区位分析

佛山新城、会展片区与潭洲半岛区的集聚发展，有利于三龙湾提升能级，联动广佛东西向科技创新主轴，向东对接广深港澳科技走廊以引资引智，融入湾区与广佛创新发展格局。

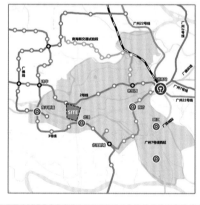

对接《佛山三龙湾高端创新集聚区重点科技创新平台发展研究》，基地重点打造国际合作创新平台。打造湾区产业引擎与创新转化枢纽，重点进行中德/中欧、粤港澳在智能制造、工业会展、研发创新、企业服务、信息交流等方面的服务。

上位规划 Upper planning

《广佛融合先导区前期研究》

广佛两市选取交界区域的核心地带，共建广佛融合发展区。其中以广州南站为核心共建广佛融合先导区。佛山三龙湾毗邻广州南站，位于广佛融合先导区的核心区。

《佛山市一环创新圈战略规划》

佛山以"一环创新圈"战略为引领、以三龙湾高端创新集聚区为龙头，打造具有国际影响力和吸引力的科技创新圈。充分发挥广佛核心区内人才、技术、资金等创新要素快速流动的优势条件。

《顺德北部片区规划》

基地在顺德北部片区空间结构中处于其中"一芯"的潭州半岛区域。"一芯"的总体发展定位为"构建高端功能集聚、产城人文融合发展的佛山城央新客厅"。

《佛山市碧道建设总体规划》

佛山将打造"三环六带"的碧道规划结构，其中包括佛山水道-潭洲水道-陈村水道都心宜居碧道环。碧道建设要打造漫步道、跑步道、骑行道"三道并行"慢行系统，完善亲水便民配套设施建设，建设水上游憩线路。

《佛山市城市更新专项规划(2016-2035)》

旧村居以完善配套和改善环境为目标，拆除重建和综合整治兼顾。
旧厂房更新改造要以完善城市功能为目标，重点是推进产业"退二进三"及产业转型升级。
佛山市的旧城镇包括旧住宅区、工商住混合区等更新对象。

《潭州湾国际创新带规划》

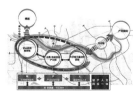

基地位于潭州湾国际创新带的核心心圈区域内。核心圈区域以"城产人文"四位一体融合发展的理念，打造：都市核-佛山新城、产业核-会展+智能科技、创新核-大学城卫星城三大发展极核。

基地及其周边分析 Site and surrounding analysis

生态分析

《佛山三龙湾高端创新集聚区发展总体规划（2020—2035年）》

基地南部滨水绿地为广东碧道项目的一段，是三龙湾碧道（顺德段）建设和潭州水道一河两岸提升工程的区域之一。或可围绕慢行游憩系统并结合佛山水上游船项目进行规划设计。

周边环境分析

西北部陈村花卉世界——可结合花卉产业特色，做好电商、文创旅游等延伸产业链的配套设施。

北部大都村、西部潭村——需要考虑城中村间的联系。

南部潭州会展中心——基地处于会展发展片区的科技创新功能扇面，是会展科技创新发展轴的创新转化核。

东部金锚国际金属交易广场——考虑与金属产业结合。

土地利用现状图

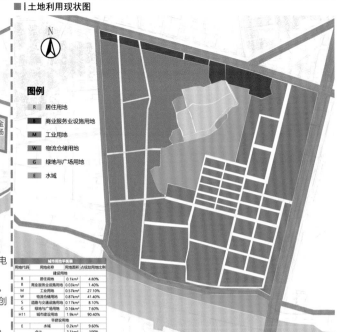

图例

R 居住用地
B 商业服务业设施用地
M 工业用地
W 物流仓储用地
G 绿地与广场用地
E 水域

用地代码	用地名称	用地面积	占规划用地比例
	建设用地		
R	居住用地	0.1km²	4.80%
B	商业服务业设施用地	0.03km²	1.40%
M	工业用地	0.57km²	27.10%
W	物流仓储用地	0.87km²	41.40%
S	道路与交通设施用地	0.17km²	8.10%
G	绿地与广场用地	0.16km²	7.60%
H11	城市建设用地	1.9km²	90.40%
	非建设用地		
E	水域	0.2km²	9.60%
	合计	2.1km²	100%

基地道路分析

佛山一环路
现状主干路
现状次干路
现状支路

建筑层数分析

6层以上
4-6层
1-3层

基地周边小学、幼儿园等教育设施较为丰富，但服务半径无法辐射到基地内部，基地内部仅有一个托儿所。同时基地缺乏医疗服务设施，因此在规划中应考虑到小学、医疗服务设施的建设。

建筑质量分析

质量较好
质量一般
质量较差

公共服务设施分析

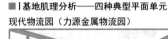

基地肌理分析——四种典型平面单元

现代物流园（力源金属物流园）

平面形态规整，园区内道路呈方格网状，街道尺度较为开阔，总体符合现代产业园区的形态特征。

村级工业园（潭村工业园）

平面形态较为分散，道路通行能力较差，街道景观局促、杂乱，整体上较为落后。

城中村

平面形态与周边村镇相似，内部建筑密度高，呈现出"兵营式住区"的特征；村内街道尺度紧凑，建筑新旧相参。

农田

位于场地中部，面积较小，是场地内重要的绿地；内部夹杂少量的建筑，作物种类较为杂乱。

产、水、人群分析 Industry, water, and crowd analysis

■ 佛山市村级工业园发展背景

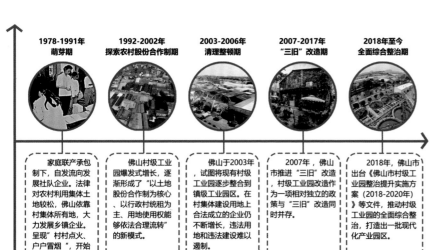

1978-1991年 萌芽期

家庭联产承包制下，自发交流向发展村队企业。法律对农村利用集体土地较松，佛山依靠村集体所有地，大力发展乡镇企业。呈现"村村点火、户户冒烟"，开始出现村级工业园。

1992-2002年 探索农村股份合作制期

佛山村级工业园爆发式增长，逐渐形成了"以土地股份合作制为核心、以行政村统租为主、用地使用权能够依法合理流转"的新模式。

2003-2006年 清理整顿期

佛山于2003年试图将现有村级工业园逐步整合到镇级工业园里。在村集体建设用地上合法成立的企业仍不断增长，违法用地和违法建设难以遏制。

2007-2017年 "三旧"改造期

2007年，佛山市推进"三旧"改造，村级工业园改造作为一项相对独立的政策与"三旧"改造同时并存。

2018年至今 全面综合整治期

2018年，佛山市出台《佛山市村级工业园整治提升实施方案（2018-2020年）》等文件，推动村级工业园的全面综合整治，打造出一批现代化产业园区。

■ 潭州会展中心

潭洲国际会展中心位于粤港澳大湾区和佛山三龙湾高端创新聚集区核心地带，是推进佛山商贸会展和优势产业融合发展的重要平台。

■ 基地内产业发展现状

产业支柱进程：农耕产业 → 加工制造业 → 加工、物流业 → ? 现今

传统产业 60%

谭村工业区

传统产业为主，以金属制品业，通用设备制造业，电气机械和器材制造业，橡胶和塑料制品业，专用设备制造业为主。

力源金属物流城

现代化物流园区。以金属制品业，通用设备制造业，电气机械和器材制造业，橡胶和塑料制品业，专用设备制造业为主。

谭村工业区　力源金属物流城

■ 人群活动分析

仓储物流　不锈钢产业　儿童玩耍　下棋聊天　商业经营　门前活动　祭祀、社诞　宗祠文化

■ 陈村花卉产业发展背景

水路运输、水上花市 直达广州、泊途交易　卸货空间、船只停靠　连接外水、辅助运输 开挖河道、引水入田　至广州

外水　外水　码头

桑基鱼塘　花田　花田　花田

果田 果田 果田　内河　内涌　花田 花田 花田

■ 水现状分析

工业污水、生活污水直排造成的水渠污染严重

多为死水黑水

大都村内池塘与周边用地、与人缺乏互动

码头

潭洲水道

顺德受极端气候影响较大，如暴雨、台风等自然灾害。现状基地内部道路存在内涝问题，同时基地内部排水不畅，严重影响生活质量，因此规划中要重点考虑排水问题。

■ SWOT分析

S

区位条件优越。位于佛山与广州接壤的三龙湾，受两腹地的辐射影响大。

对外交通便利。北、东、西三面有不同等级的城市道路穿过，交通通达度高。

水网分布。南邻潭洲水道，西侧有水系联系潭洲水道和陈村花卉世界，基地内部有河涌和坑塘分布。

产业集聚效应强。以发展传统产业为主，形成规模物流园。

W

内部交通网支离破碎，断头路多。

大量传统工业集聚，造成一定程度的环境污染，人居环境较差。

缺乏优质产业和高端技术产业。

生态要素缺乏整合。片区内部分河涌水系因工业园建设被填埋，现有河涌水系水质较差，内涝严重。

部分公共服务设施配套不足。

O

广佛全域同城化发展，广佛融合先导区的核心区。

三龙湾"两芯、双核、四轴支撑"的空间结构的推动作用。

北部陈村花卉世界与南部潭州国际会展中心两个增长极核的辐射带动作用。

T

城市更新过程中各方产权、利益的矛盾和冲突。

特色缺失，"千城一面"现象的出现。

周边工业园区发展带来的冲击。

设计思路 Design ideas

■ 基地定位

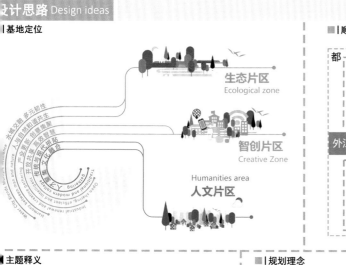

生态片区
Ecological zone

智创片区
Creative Zone

Humanities area
人文片区

■ 顺德传统城镇形态

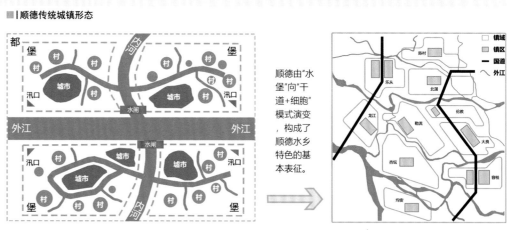

顺德由"水堡"向"干道+细胞"模式演变，构成了顺德水乡特色的基本表征。

■ 主题释义

水	依据竖向排水规划打造的Y字形韧性雨水花园	蔓 蔓延→藤蔓（具有内聚力、自发性、发散性、弹性、灵活性）让城市在自然中延展呼吸
联	联动、联系	城 基地与周边环境
融	融合	情 打造有温度，有感情的片区，基础为人，以及人的各种活动
共	共同	生 三生——生活、生产、生态

■ 规划理念

Taem10 簇群城市

城市主干道相当于植物的干茎

干茎上形成自由弯曲的分叉系统（带有多触角的子系统）

利于各区间的区分联系

"流动、生长、变化"思想的综合体现（加入了时间维度的四维规划）

黑川纪章基于生命原理的共生城市

将生物学中的根茎、链环和网状系统引入城市规划领域，提出生命时代的城市结构将从树式结构向根茎或是网状结构转换的预言

共生城市发展模式

细胞城市（组团）

生态城市（自我循环、净化、再生/先进技术节省能源、废物再利用、自给自足/生态廊道）

■ 三旧改造利益分析

三旧改造利益分析

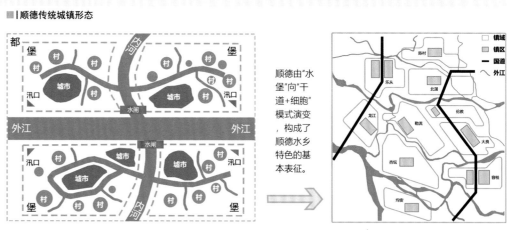

政府

公共利益
城市环境
改造成功

法制管理
社会安定
经济发展

获取
经济利益

利益平衡
三者共赢

权益保障
政策倾斜

经济利益不减少，长远发展有保障

开发商

居民

拆迁补偿成本低、实施顺利

方案演绎 Plan deduction

主题释义

多元片区共生 →	传统现代城市拼贴
技术与生态共生 →	经济产业有机增长
生态与活力共生 →	绿色生态可持续
原住民与外来人员共生 →	多元人群和谐生活

■ 人群策划

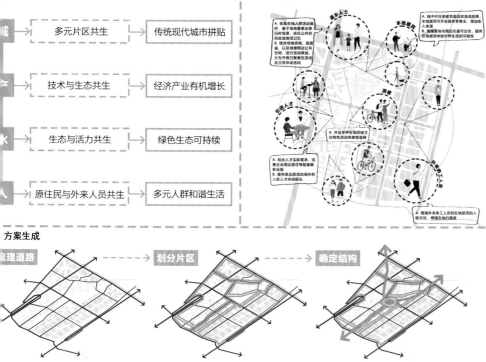

■ 建筑拆改留方案

- 保留、微更新
- 跳跃式更新
- 拆除

方案生成

梳理道路 → 划分片区 → 确定结构

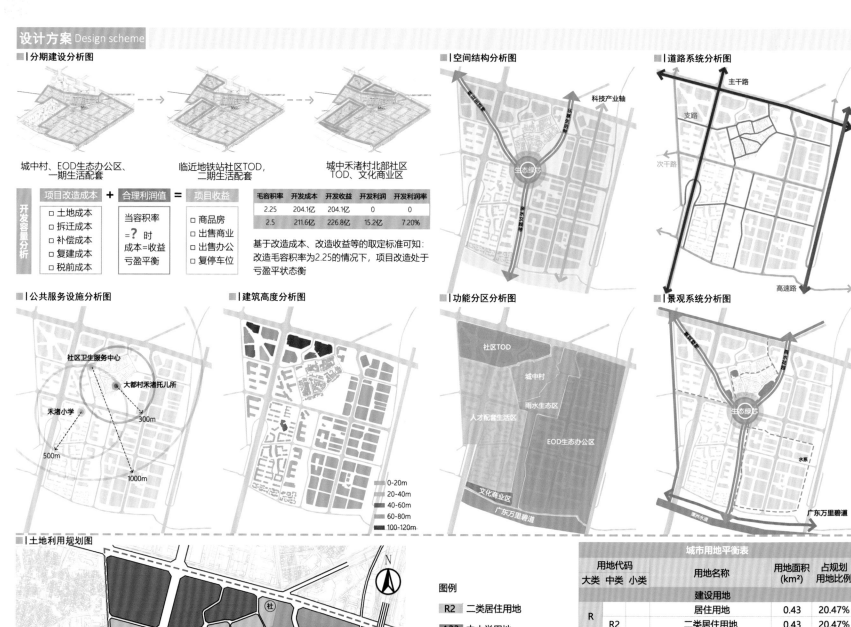

设计方案 Design scheme

分期建设分析图

城中村、EOD生态办公区、一期生活配套

临近地铁站社区TOD、二期生活配套

城中禾渚村北部社区TOD、文化商业区

开发容量分析

项目改造成本 + 合理利润值 = 项目收益

项目改造成本	合理利润值	项目收益
□ 土地成本 □ 拆迁成本 □ 补偿成本 □ 复建成本 □ 税前成本	当容积率 =? 时 成本=收益 亏盈平衡	□ 商品房 □ 出售商业 □ 出售办公 □ 复停车位

毛容积率	开发成本	开发收益	开发利润	开发利润率
2.25	204.1亿	204.1亿	0	0
2.5	211.6亿	226.8亿	15.2亿	7.20%

基于改造成本、改造收益等的取定标准可知：改造毛容积率为2.25的情况下，项目改造处于亏盈平衡状态衡

公共服务设施分析图

社区卫生服务中心
大都村禾渚托儿所
禾渚小学
300m
500m
1000m

建筑高度分析图

0-20m
20-40m
40-60m
60-80m
100-120m

空间结构分析图

科技产业轴
生态绿芯

功能分区分析图

社区TOD
城中村
雨水生态区
人才配套生活区
EOD生态办公区
文化商业区
广东万里碧道

道路系统分析图

主干路
支路
次干路
高速路

景观系统分析图

生态绿芯
水系
漳州水道
广东万里碧道

土地利用规划图

N

图例

- R2 二类居住用地
- A33 中小学用地
- A5 医疗卫生用地
- B1 商业用地
- B1R2 商业居住用地
- B1B2 商业商务用地
- M1 一类工业用地
- G1 公园绿地
- G2 防护绿地
- E 水域
- ------ 规划用地边界
- (社) 社区活动中心
- (幼) 幼儿园

城市用地平衡表

用地代码 大类	中类	小类	用地名称	用地面积 (km²)	占规划用地比例
			建设用地		
R			居住用地	0.43	20.47%
	R2		二类居住用地	0.43	20.47%
A			公共管理与公共服务设施用地	0.03	1.44%
	A3		教育科研用地	0.02	0.95%
		A33	中小学用地	0.02	0.95%
	A5		医疗卫生用地	0.01	0.49%
B			商业服务业设施用地	0.34	16.20%
	B1		商业用地	0.03	16.20%
		B1R2	商业居住用地	0.03	1.42%
		B1B2	商业商务用地	0.28	13.34%
M			工业用地	0.41	19.52%
	M1		一类工业用地	0.41	19.52%
S			道路与交通设施用地	0.26	12.38%
G			绿地与广场用地	0.38	18.09%
	G1		公园绿地	0.31	14.76%
	G2		防护用地	0.07	3.33%
H		H11	城市建设用地	1.85	88.10%
			非建设用地		
E	E1		水域	0.25	11.90%
			合计	2.1	100%

陈村花卉世界

大都村

潭村

石咎线

金锠国际金属
交易广场

经济技术指标

规划用地面积： 2100000 ㎡
建筑用地面积： 648900 ㎡
总建筑面积： 5250000 ㎡
规划毛容积率： 2.25
建筑密度： 30.90%
绿地率： 33.70%
其中：住宅建筑面积：2205000 ㎡
　　　商业建筑面积：1155000 ㎡
　　　工业建筑面积：1890000 ㎡

潭洲水道

N

20   100
0 50   200m

潭洲国际会展中心

图例
① 规划花卉世界地铁站点
② 商务办公楼
③ 配套商业
④ 下沉式广场
⑤ 自行车道
⑥ 步行商业街
⑦ 小学
⑧ 社区服务中心
⑨ 居住区
⑩ 文化展示商业街
⑪ 社区卫生服务中心
⑫ 地面停车场
⑬ 社区文化活动中心
⑭ 下沉运动场地
⑮ 城中村
⑯ 厌氧池
⑰ 流水雕塑
⑱ 兼氧池
⑲ 立体农场
⑳ 塘床系统
㉑ 露天剧场
㉒ 休闲步道
㉓ 农田
㉔ 咖啡馆
㉕ 综合商务办公区
㉖ 乐活SOHO
㉗ 入口广场
㉘ 生产服务大厦
㉙ 乡村工业风基地
㉚ 创意广场
㉛ 艺术码头
㉜ 广东万里碧道

▌方案生成

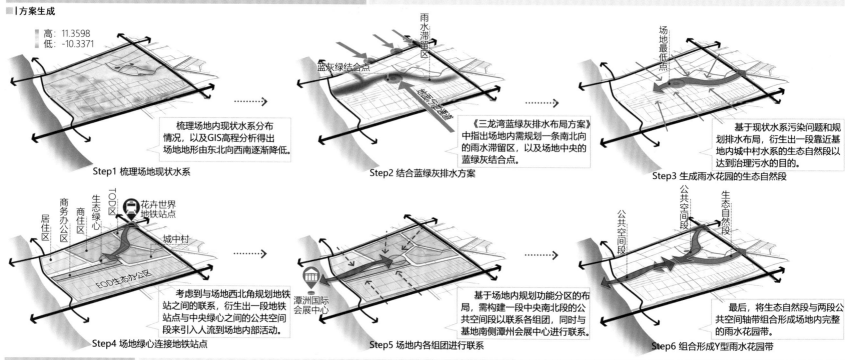

高: 11.3598
低: -10.3371

梳理场地内现状水系分布情况，以及GIS高程分析得出场地地形由东北向西南逐渐降低。

Step1 梳理场地现状水系

蓝灰绿结合点
雨水滞留区
地面雨水径流带

《三龙湾蓝绿灰排水布局方案》中指出场地内需规划一条南北向的雨水滞留区，以及场地中央的蓝绿灰结合点。

Step2 结合蓝绿灰排水方案

场地最低点

基于现状水系污染问题和规划排水布局，衍生出一段靠近基地内城中村水系的生态自然段以达到治理污水的目的。

Step3 生成雨水花园的生态自然段

居住区
商务办公区
商住区
TOD区
生态绿心
花卉世界地铁站点
城中村
EOD生态办公区

考虑到与场地西北角规划地铁站之间的联系，衍生出一段地铁站点与中央绿心之间的公共空间段来引入人流至场地内部活动。

Step4 场地绿心连接地铁站点

潭州国际会展中心

基于场地内规划功能分区的布局，需构建一段中央南北段的公共空间段以联系各组团，同时与基地南侧潭州会展中心进行联系。

Step5 场地内各组团进行联系

公共空间段
公共空间段
生态自然段

最后，将生态自然段与两段公共空间轴带组合形成场地内完整的雨水花园带。

Step6 组合形成Y型雨水花园带

总体设计 Overall design

▌总体技术路线

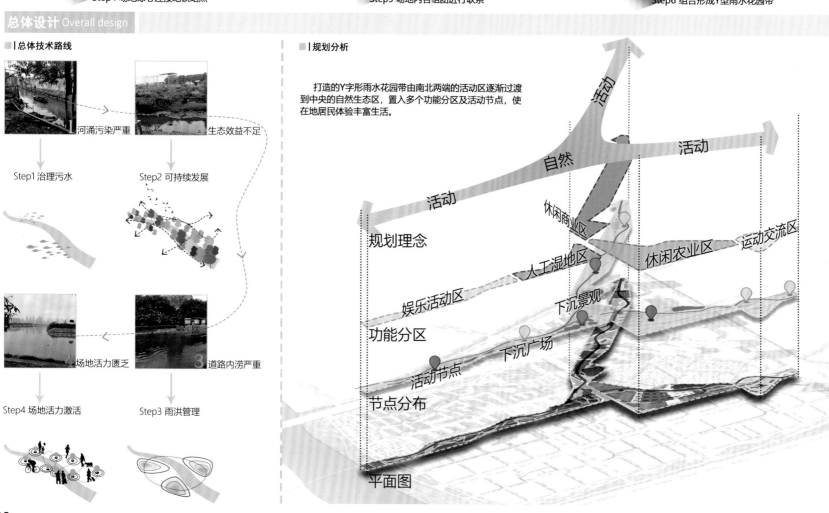

河涌污染严重
生态效益不足

Step1 治理污水
Step2 可持续发展

场地活力匮乏
道路内涝严重

Step4 场地活力激活
Step3 雨洪管理

▌规划分析

打造的Y字形雨水花园带由南北两端的活动区逐渐过渡到中央的自然生态区，置入多个功能分区及活动节点，使在地居民体验丰富生活。

活动
自然
活动
活动

规划理念
休闲商业区
休闲农业区
运动交流区

人工湿地区
娱乐活动区
下沉景观

功能分区
下沉广场

活动节点
节点分布

平面图

设计策略 Design strategy

策略1——治理污水

厌氧池
劣V类水质
水流雕塑
兼氧池
鱼塘溪流
塘床系统
水流雕塑
III类水质
净化水质

针对场地内受工业污染较为严重的自然水体，借鉴成都活水公园治理措施，基于场地现有水系，置入一系列相关设施打造活水体系。

策略2——雨洪管理

雨洪　①喷泉水景　回收水
雨洪　②下沉景观　回收水
③下沉台地　雨洪

场地内部采用渗水性的地表材质；
场地内部利用地形、不同的高差打造的下沉式雨水花园广场；
下沉式广场晴天时作为市民公共活动的场地；下雨时可以蓄水，或者转化为雨水喷泉景观。

策略3——可持续发展

功能分区
野生动物
农业价值
休闲农业区
人工湿地区
娱乐活动区
蝴蝶兰　蔬果　苗圃　鱼　鸟　鹭　鸟　鱼
立体农场
增加含氧量
微生物降解
雨水再利用
二次曝氧
植物群落生长
蒸发
水质监测
降雨
蓄水
物理沉淀
地表径流
厌氧池
渗透
水流雕塑
兼氧池
水流雕塑
地下水排泄
渗透
植物塘床系统
鱼塘
白兰花　白兰树　红花紫荆　木槿花　睡莲　菖蒲　芦苇　细叶榕

不单要考虑水环境的治理问题，水环境构成的生态系统恢复也尤为重要。具体措施包括有培育地植物物种（如白兰树、细叶榕、白兰花、红花紫荆、木槿花等）打造人工湿地园，进一步完善地现状食物链、生态链，实现在地 生物多样性，发挥生态效益与价值。

鸟瞰图

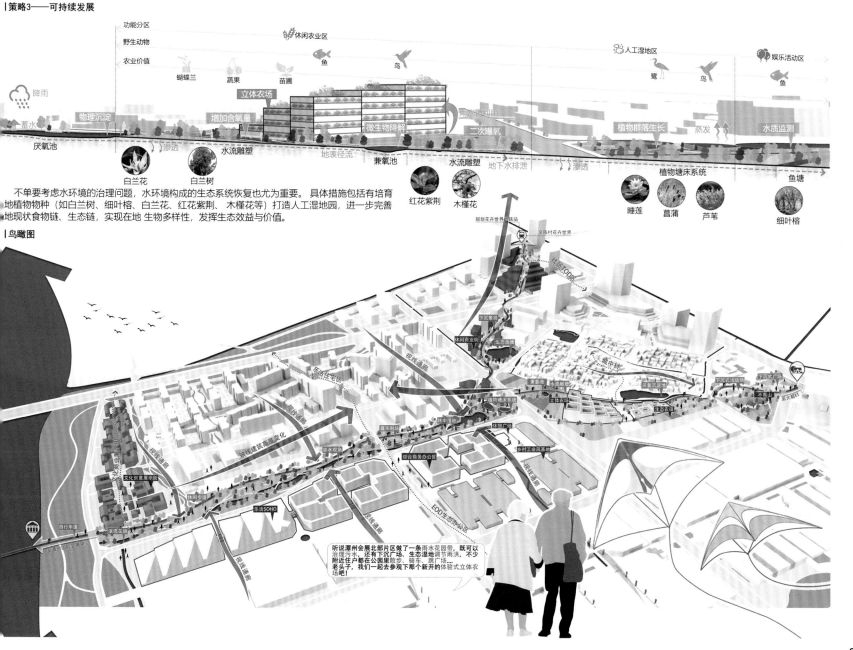

听说潭州会展北部片区做了一条雨水花园带，既可以治理污水，还有下沉广场、生态湿地调节雨洪，不少附近住户都在公园里散步、骑车、跳广场......老头子，我们一起去参观下那个新开的体验式立体农场吧！

■|策略4——场地活力激活

露天剧场

粤剧

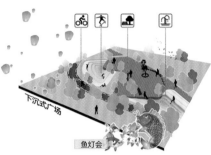

下沉式广场

鱼灯会

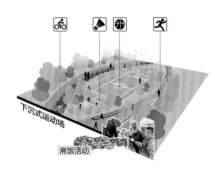

下沉式运动场

斋饭活动

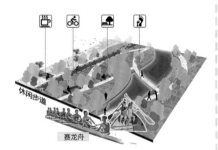

休闲步道

赛龙舟

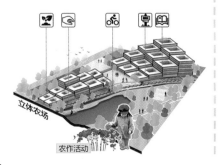

立体农场

农作活动

■|效果图1——下沉式景观

晴天 暴雨

自行车道
bicycle lane

休闲步道
Leisure path

下沉式景观
Flood zone

渗水性地表材质
Water-permeable surface material

蓄水池
Reservoir

■|效果图2——下沉式广场

晴天 暴雨

休闲商业
Casual business

自行车道
bicycle lane

渗水性地表材质
Water-permeable
surface material

下沉式广场
Flood zone

生态草坪
Ecological lawn

蓄水池
Reservoir

禾渚村规划设计 Planning & Design of Hezhu Village

▌方案生成过程

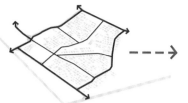
梳理路网，确定道路骨架

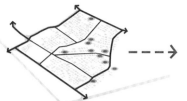
梳理现有重要节点空间

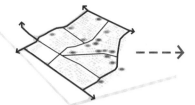
利用现有条件，增添增添节点空间

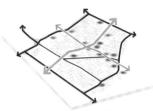
依据节点空间，确定空间轴线

▌道路系统分析

■ 主要道路
　 次要道路

▌景观系统分析

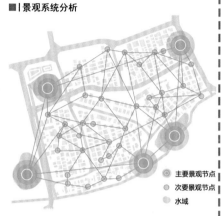

　 主要景观节点
　 次要景观节点
　 水域

■空间结构分析

⇒ 乐享生活轴
→ 文化活动轴
▣ 节点

▌图底关系分析

■与周边环境的关系

花卉世界产业及游客
大都村居民
社区TOD游客
雨水花园带游客、居民
人才配套生活区居民
EOD生态办公区工作者

　花卉产业可能对禾渚村的商业、形象产生影响；花卉世界、地铁站点TOD及雨水花园带的游客增强了禾渚村的活力；大都村居民，人才配套区居民及EOD生态办公区工作者与禾渚村之间产生交流互动。

■场景展示1——开放广场（阶梯）

拾级而坐，闲赏城市"戏剧"
旁边花卉世界有时候会举办主题活动

▌场景展示2——玻璃棚舞台

闲下来的时候顺便来看一下表演
终于有个地方可以让我们施展了

■场景展示3——禾渚公园

我们村变热闹了
环境变好后，更喜欢来这里打球了

节点标注

① 社区卫生服务中心
② 生态停车场
③ 开放广场
④ 生态农田
⑤ 旺福百货
⑥ 阶梯
⑦ 菜市场
⑧ 嘉顺百货
⑨ 篮球场
⑩ 药店
⑪ 玻璃棚舞台
⑫ 區式宗祠
⑬ 观音庙
⑭ 大都村禾渚托儿所
⑮ 禾渚公园
⑯ 梁氏宗祠
⑰ 禾渚小宿
⑱ 小型孵化区
⑲ 禾渚餐厅

图例

乐享生活轴
文化活动轴
车行道
树池
绿地
栈道
广场铺地
地面铺装
篮球场
玻璃
水系

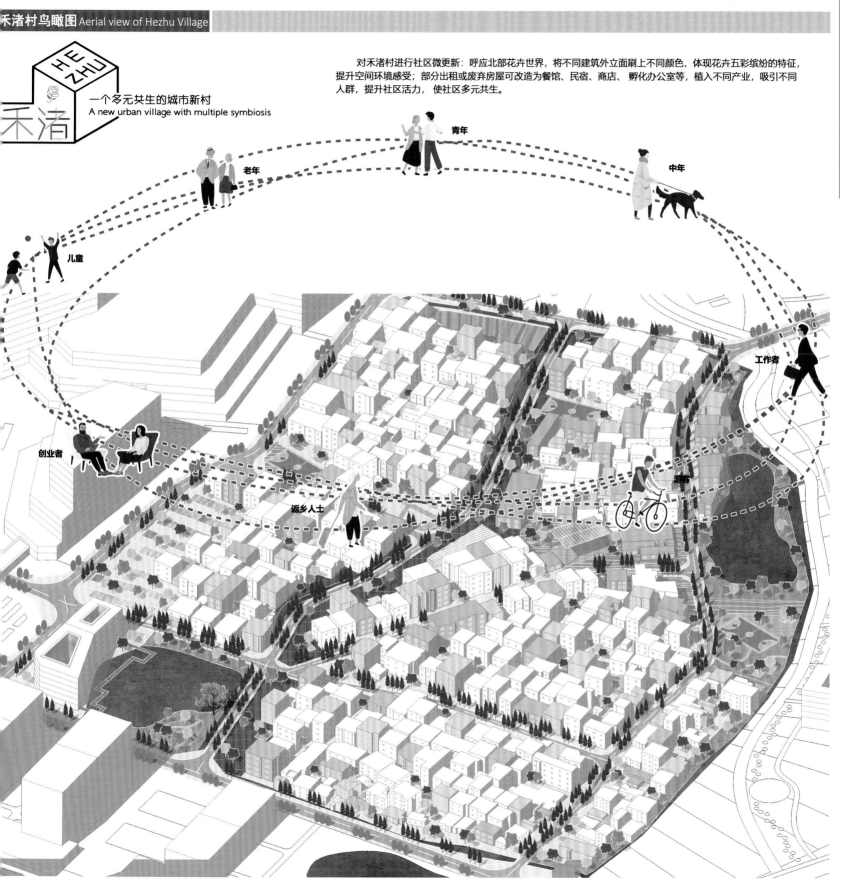

一个多元共生的城市新村
A new urban village with multiple symbiosis

对禾渚村进行社区微更新：呼应北部花卉世界，将不同建筑外立面刷上不同颜色，体现花卉五彩缤纷的特征，提升空间环境感受；部分出租或废弃房屋可改造为餐馆、民宿、商店、孵化办公室等，植入不同产业，吸引不同人群，提升社区活力，使社区多元共生。

老年

青年

中年

儿童

工作者

创业者

返乡人士

游客

■ | 方案生成

现状肌理
道路整合
建筑拆除
跳跃更新
更新再生
业态植入
空间激活
聚芯发展

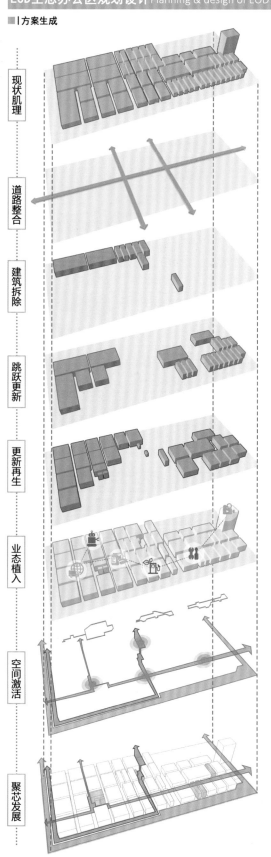

■ | 规划策略——空间活化

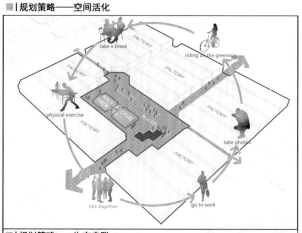

■ | 规划策略——生态串联

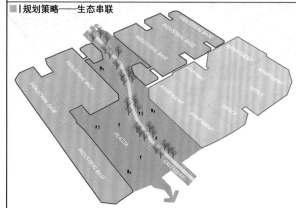

■ | 规划策略——建筑空间优化

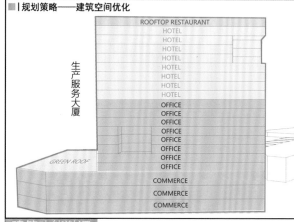

建筑功能激活

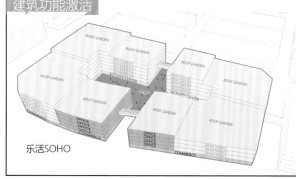

乐活SOHO

■ | 规划策略——业态多元

植入特色产业 多元业态合作

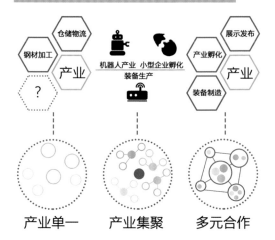

产业单一　　产业集聚　　多元合作

智慧激活 形成完整产业链

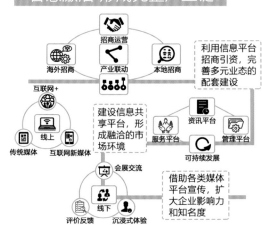

利用信息平台招商引资，完善多元业态的配套建设

建设信息共享平台，形成融洽的市场环境

借助各类媒体平台宣传，扩大企业影响力和知名度

弹性产业配置 减少依赖

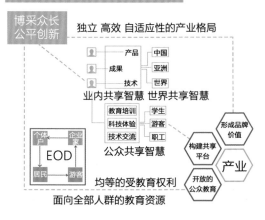

博采众长 公平创新　独立 高效 自适应性的产业格局

业内共享智慧 世界共享智慧

公众共享智慧

均等的受教育权利

面向全部人群的教育资源

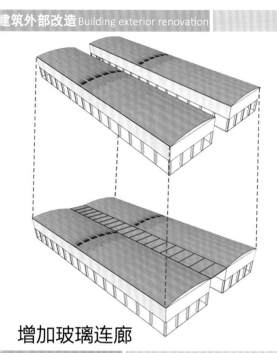

增加玻璃连廊

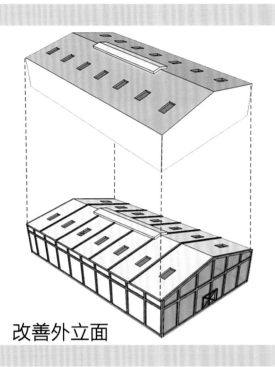

改善外立面

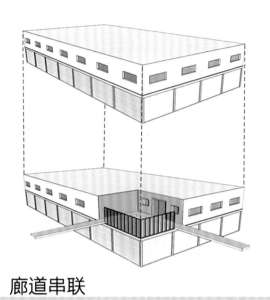

廊道串联

活动策划 Event planning

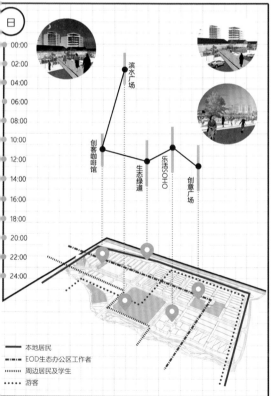

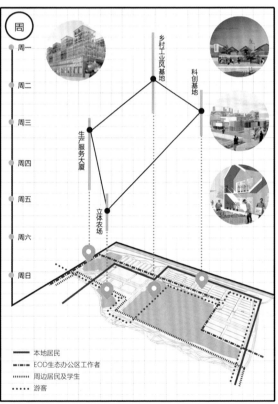

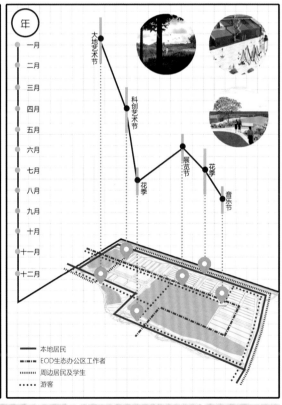

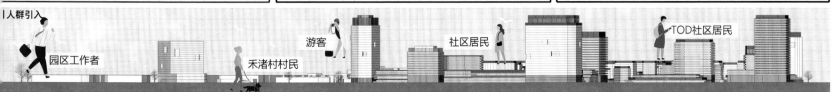

| 人群引入

园区工作者　禾渚村村民　游客　社区居民　TOD社区居民

■ | EOD生态办公区鸟瞰图

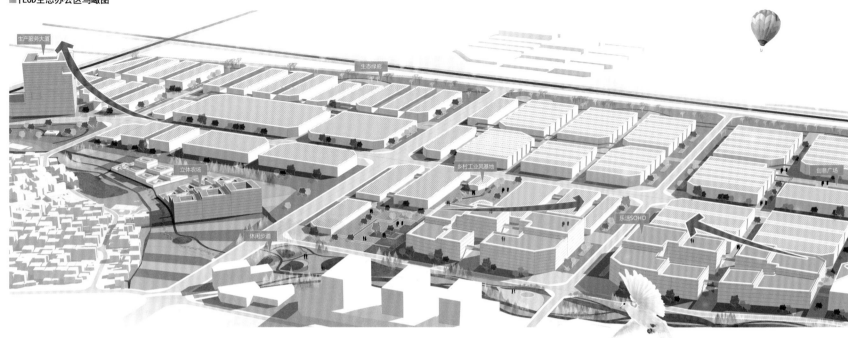

■ | 效果图——清晨·滨水广场

■ | 效果图——午间·工业园区

■ | 效果图——黄昏·乡村工业风基地

■ | 效果图——入夜·创意广场

OD社区规划设计 TOD community planning & design

|局部鸟瞰图

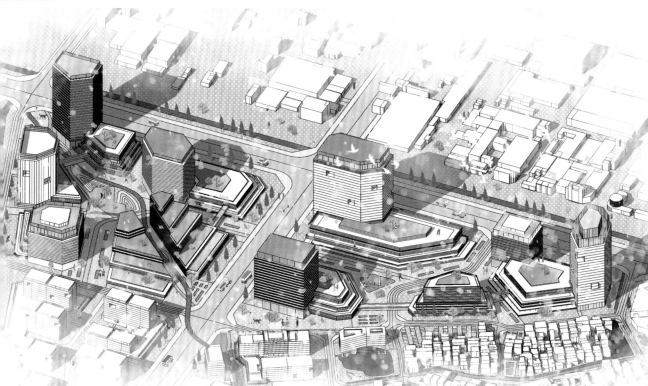

■|方案生成

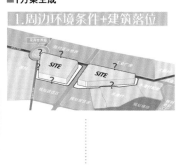

1.周边环境条件+建筑落位

2.呼应规划主轴+联系周边

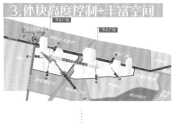

3.体块高度控制+丰富空间

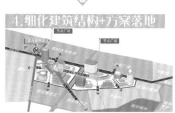

4.细化建筑结构+方案落地

|理念辨析

1.立体交通

立体空间结构示意

空中廊道+地面自行车道

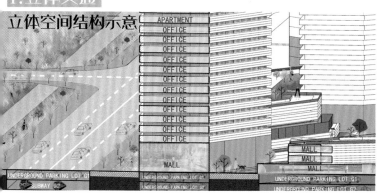

2.绿色生态

海绵城市+连续性多层次立体绿化

绿地类型多样化

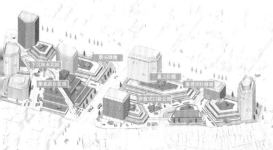

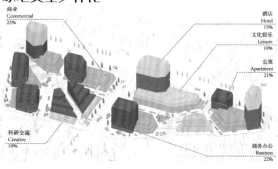

3.功能复合

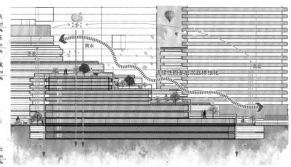

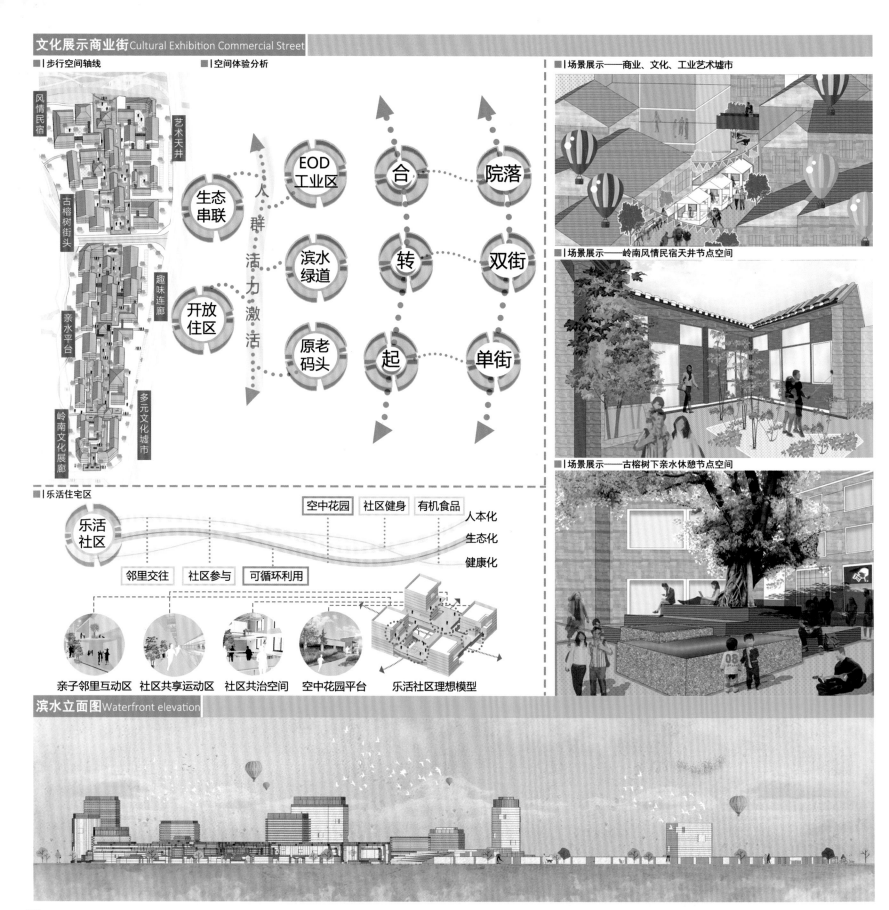

文化展示商业街 Cultural Exhibition Commercial Street

步行空间轴线

风情民宿
艺术天井
古榕树街头
趣味连廊
亲水平台
岭南文化展廊
多元文化墟市

空间体验分析

生态串联
开放住区

EOD工业区
滨水绿道
原老码头

合
转
起

院落
双街
单街

人群活力激活

场景展示——商业、文化、工业艺术墟市

场景展示——岭南风情民宿天井节点空间

场景展示——古榕树下亲水休憩节点空间

乐活住宅区

乐活社区

空中花园　社区健身　有机食品
人本化
生态化
健康化

邻里交往　社区参与　可循环利用

亲子邻里互动区　社区共享运动区　社区共治空间　空中花园平台　乐活社区理想模型

滨水立面图 Waterfront elevation

努力打造理念创新，水城交融，多元韧性，人与自然和谐共生，交互活力的　*生态健康片区*

产业更新，创意集聚，开放共享，高效智慧的　*创智片区*

传统文脉、现代生活形态与未来城市文明拼贴，人才聚集，文化融合的　*人文片区*

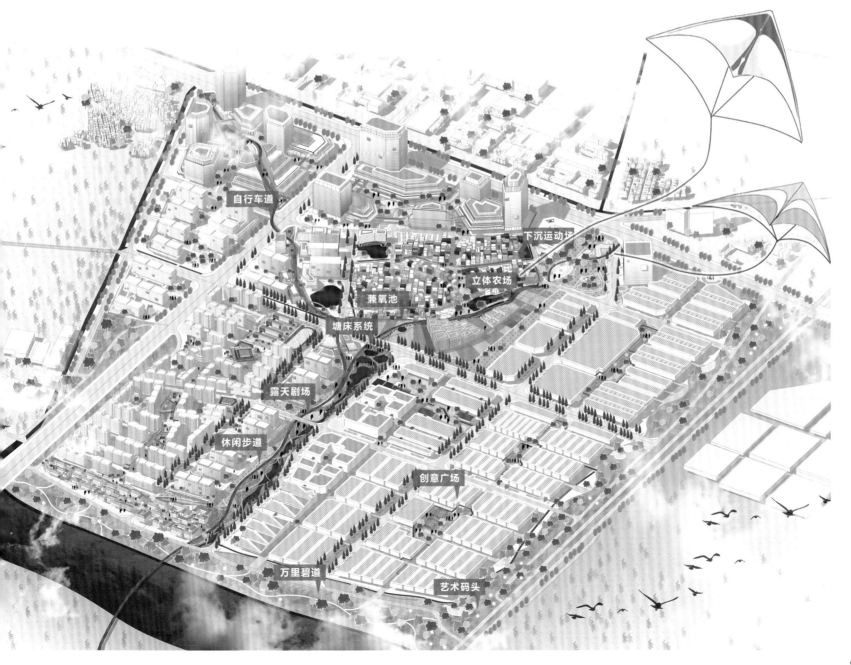

自行车道

下沉运动场

立体农场

兼氧池

塘床系统

露天剧场

休闲步道

创意广场

万里碧道

艺术码头

华南理工大学

South China University of Technology

林思仪

吃吃玩玩做设计的联合毕设圆满落幕了，非常高兴在这里遇到这么多兄弟院校的规划小伙伴们，一起做设计的三个月学到了很多东西。大家的设计方案都各有千秋，在一次次汇报中聆听彼此的设计逐渐从概念雏形到完整成熟，让我受益良多。我们走过广州、昆明、成都三座城市，和同学们在线下结识，建立了深厚友谊，希望大家在之后的学习生活仍然能保持联系，共同去探讨专业领域的许多问题。

最后，祝大家毕业快乐！希望未来的大家，一切都好！

李莹

这次毕业设计不仅是从本校毕业的能力证明，而且是"南粤杯"6+1联合毕设中六所学校之间的相互学习与交流。从最初的开题到最后的顺利完成，虽说是经历了一个长期的、复杂的、充满艰辛的过程，但它是丰满的、充实的，让人引以自豪的。毕业设计的完成给我大学五年的学习生涯画上了一个圆满的句号，也预示着我的人生踏上了另一个新的征程。

学贵得师，亦贵得友。感谢联合毕设的各位老师和专家，感谢天南地北的同学们，缘分让我们相遇，让我们成为朋友。愿有前程可奔赴，亦有岁月共回首。

张敏诗

很荣幸在我本科生涯的最后阶段能够参加"南粤杯"六加一联合毕设项目！不仅能结识一大群优秀的小伙伴，也能接受来自不同院校、不同领域、不同行业的专家老师们的指导和点评。本次规划设计项目使我获益匪浅——华工的本科教育一直秉承相对稳重、踏实的风格，在与其他五所院校的交流过程中，我学习到了许多不一样的思考方式，也让我的视野变得更加开阔。

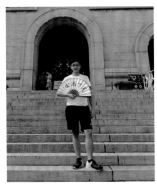

郭羽

这次"南粤杯"6+1联合毕业设计真是一次难忘的经历。对场地内的工厂和村庄进行更新，在老师的引导下，我们小组考虑的并不是单纯地将其变为一栋栋住宅和商业广场，也不是单纯地将容积率翻两倍三倍，而是让这片地区的更新可持续化，使其在以后一次又一次的城市更新中有自己的发展路径。虽然因为疫情影响没能在四季如春的昆明体验工作坊的快乐，但中期汇报还是在昆明留下了很多美好的回忆，相信四川之行也一定让人难忘。

高劲远

2021年的寒假，我开始了我的毕业设计工作，时至今日，历时将近半年的时间，毕业设计基本完成。想想这段难忘的岁月，从最初的茫然，到慢慢地进入状态，再到对思路逐渐地清晰，整个过程难以用语言来表达，遇到困难，我会觉得无从下手，不知如何改起；当毕业设计经过一次次的修改后，基本成型的时候，我觉得很有成就感。毕业设计是一个长期的过程，需要不断地进行精心的修改，不断地去整理各方面的资料，不断地想出新的创意，认真总结。历经这么久的努力，紧张而充实的毕业设计终于要落下帷幕，在这次毕业设计的过程中，我拥有了无数难忘的感动和收获。

黄晓格

这次毕业设计的经历让我印象深刻，在这一段时间我经历和收获了很多，懂得了做设计需要认真的调研和前期分析，并且要脚踏实地，一步一个脚印，思路清晰地逻辑严密地进行设计，而不是想一蹴而就，突然出来一个方案。所以也加深了我对本专业的设计思考，应该设计结合调研，去深入场地地为城市中生活的人做事情。

并且在这次设计中接触到了很多不同学校的同学以及设计，学习和开阔了眼界，感觉是一个印象很深刻的毕业设计。

曹林熹

在这次6+1联合毕设中，我和来自不同学校的同学一起调研、交流、分享，感受到不同思想和视角的碰撞与激发。每个学校的同学就三龙湾会展北区的现状问题、发展条件、规划愿景做出了很不一样的解读，同时，省院专家、各校老师都给予我们中肯的评价和建设性意见，让我们不断地反思、优化和提升。能参加此次联合毕设我感到非常幸运，在粤港澳大湾区发展、广佛都市圈建设的背景下，能够有机会接触到如此有代表性的案例，能够用自己的思考对佛山三龙湾提出一份建设方案，能够在真实语境下了解这片土地上生活、工作的人们的感受和期待，这一切都让我对规划有更深的理解。

杨庭宇

本以为5年很长，但是眨眼间就要毕业了，毕业之际我也有很多想说的。这几年来我做错了很多事，但也进步了许多，这方面还是让我感觉很有意义。大学期间所积累的知识是比较多的，也养成了非常多的习惯，在毕业之际让我非常感慨，我学会了很多东西。在这几年来的大学生活当中，结交到了很多志同道合的朋友，也让我感觉有很多进步，自己的专业学习也是做得比较好，在这个过程当中认为我在学习当中是非常有动力的，五年来的点点滴滴我做了很多，也感激学校对我的培养。对我来说，大学的经历的时间是宝贵的，我以后一定会砥砺前行。

CO-desakota · "扣"

—— 从半城半乡走向城乡共融

指导老师：赵渺希 李昕
作　　者：林思仪 黄晓格 高劲远 张敏诗 郭羽 李莹 杨庭宇 曹林熹
学　　校：华南理工大学

规划目标　Planning Target

营城

广佛尺度
优化城镇空间结构，构筑广佛同成发展新格局。构筑"一核、一环、一带、四轴、多级"的广佛城镇空间结构。

三龙湾
坚持整体统筹、集聚带动、轴带支撑、协同联动，突出三龙湾区位、生态、创新、产业优势；构建"碧环绕芯、双核驱动、三网协同、四轴支撑"的发展格局。

广佛融合发展引领区

立产

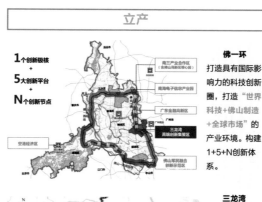

1 个创新极核
+
5 大创新平台
+
N 个创新节点

佛一环
打造具有国际影响力的科技创新圈，打造"世界科技+佛山制造+全球市场"的产业环境。构建1+5+N创新体系。

三龙湾高端创新集聚区

三龙湾
坚持整体统筹、集聚带动、轴带支撑、协同联动，突出三龙湾区位、生态、创新、产业优势；构建"碧环绕芯、双核驱动、三网协同、四轴支撑"的发展格局。

先进制造业创新高地

塑境

三龙湾
推进生态文明建设，守护"半城半绿"的生态基底；营造"花田水乡"生态意象，加强生态环境保护，推进城市自然生态系统修复。

三龙湾碧道
打造舒适连续惬意路径。打造花道游线和"碧道+绿道"双网复合慢行游憩系统。营造高品质游憩场所，串联自然、人文资源，形成时尚与传统、生态与人文相辉映的特色空间。

高品质岭南水乡之城

现状问题　Current Problems

■权利主体间的利益分配难以平衡

□土地权利主体多元

现有经营性建设用地分别属于大都村和潭村的集体用地，潭村工业园、三英科力金属物流园、力源金属物流园的一期、二期工厂建设于潭村的集体建设用地上，禾渚工业园和力源三期工厂则建设在大都村的集体建设用地上。大都村的宅基地一户一宅、产权分散，呈破碎化的小斑块集聚状态，宅基地旁的农用地基本无人耕种，处于闲置状态。

□产权问题积怨已深

由于廉价长期租赁合同的签订，周边地价提升的收益被力源独占。农村集体经济组织不甘"吃亏"试图撕毁合同回收土地。政府、企业、村民各方都追求自身利益最大化，在有限的城市更新收益下难以协调各方利益。

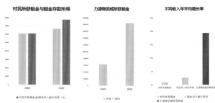

94

现状问题　Current Problems

■产业发展与区域定位不符

场地有着与潭州会展中心距离最近的成规模厂房，道路交通便利，发展潜力巨大。场地与会展仅一河之隔，内部产业主要是金属不锈钢加工，工厂直销和物流配送，缺乏产业上的联动。会展周边地区有较大的区位优势，会展定位吸引创新要素聚集，为工业升级提供动力。

■场地生态格局破碎、居住环境差

古顺德水乡格局不再，失去往日功能的运河如今被填成土地，河涌掩盖成暗涌，自然水体之间联系减少，河涌水质保护缺失，污染严重。场地内部水道与潭洲水道未实现贯通，由于沟通不畅，容易形成内涝。

场地内蓝绿空间少，质量差。场地内部水道与潭洲水道未实现贯通，由于沟通不畅，容易形成内涝。西部水道现状质量较差，周围缺乏绿化景观营造，以及休憩步行空间，与潭洲水道两岸建设情况相差较多。水道缺乏亲水设计，部分水体被掩埋。

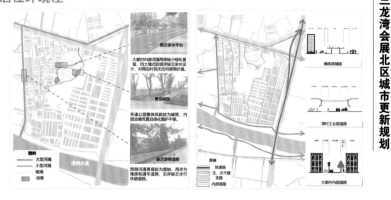

问题溯源　Strategy Research

■Desakota区域分析理论及特征分析

"Desakota"一词取自印尼语。Pedesaan意为"乡村"（rural），kota 意为城镇"（urban）。Desakota 区域内城市用地和乡村用地相互交错，兼具城市和乡村的混合特征，在空间景观上呈现出一种"非城非乡"的独特面貌，是一种亚特殊的城市化空间类型。Desakota 区域中急剧扩张的非农建设用地在区域中呈"面"状展开，工业用地、农业用地、农村居民点用地、城镇用地等各类土地利用斑块混杂交错，形成"马赛克"式的土地利用景观图。

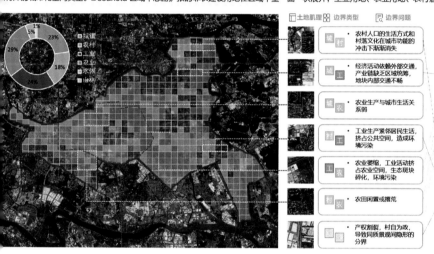

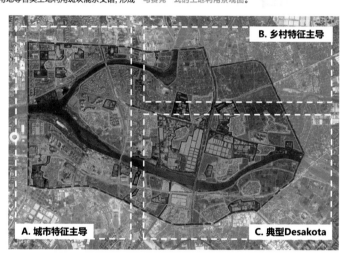

地周边同样具有"马赛克"式特征，除了自然水体和交通干道对场地的割外，各种功能地块混杂布局、分散发展，机械地拼贴在场地内。

地周边大致可以观察到三类Desakota区域。

西侧接佛山新城，以城市特征占主导；

东北侧接陈村花卉绿心，有大片农田，以乡村特征占主导；

东南侧接正在建设的会展片区和城际轨道，大型基础设施带来城市景，居民点宅基地和集体经营性建设用地混杂，农田大多闲置或撂荒，间出现外来开发商推动"入侵"的城市元素，如高层住宅楼盘。

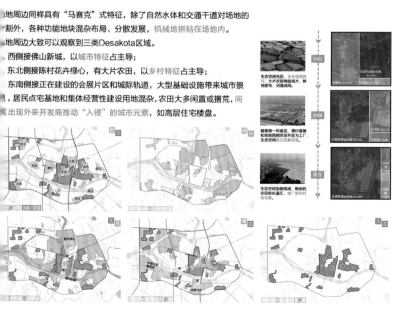

Co-desakota 中"Co"代表"共同""相互"，"desa"指乡村，"kota"指城市。不同于desakota最初的"半城半乡""非城非乡"的特征。Co-desakota旨在通过轴线串联与边界"锁扣"创造一种城乡融合、城乡一体化的空间区域，试图化解自上而下生长的城市和自下而上生长的农村对土地资源的争夺困境。

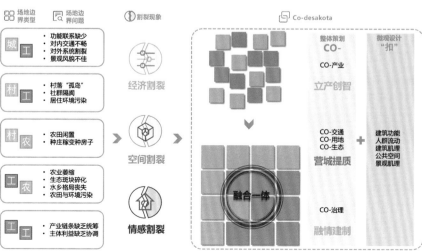

■规划概念——CO-desakota

desakota起源于印尼爪哇、泰国、印度经济核心区域的农业和非农业活动高度混合的地域。desakota在珠三角区域的拓展变种表现为以小城镇和小城市为主导的城市化和跨境城市化的空间特征；升级为desakota3.0即Co-desakota，建设权属整合、产业升级、生态交通空间完整的城乡一体化区域空间。

desakota1.0
农业活动为主
土地利用混杂
法规难以控制
（印尼地区）

desakota2.0
发展第二、三产业
农村劳动者就地转移
土地景观破碎
（珠三角地区）

desakota3.0——CO-desakota
产权整合
农业保育、产业升级
完整公共空间和景体系
（发展愿景）

■规划使命

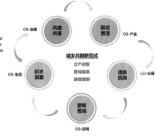

弥合边界 搭扣共生

打造立产创智、营城提质、融情建制的城乡共融新范式

立产创智

营城提质

融情建制

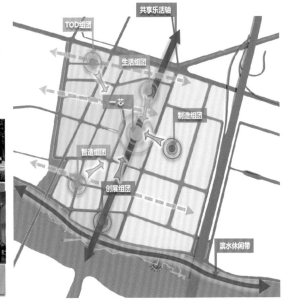

■立产创智

□CO产业——联动激活

打破"小微个体"和"低成本"带来的低端锁定的惯性循环路径。在巩固制造业本底的基础上，以工改工为主导，联系区域内重要产业节点，视发展情况适当进行工改创、工改商。推动产业如与周边的产业联动，延展产业上下游，由单一基础产业向高端复合产业前进，以产业转型带动人才调整，服务升级吸引人才驻留。

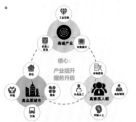

西引：从中德工业服务区引进国际先进工业技术和管理经验。

东集：企业聚集形成规模效应，提高土地利用率的同时形成种类齐全、质量上佳的专业金属加工市场。

南联：缝合两岸，构建潭洲水道发展轴以及潭洲湾国际创新发展核心，为机器人学院提供创业孵化基地，提升场地品牌宣传力度及研发创新能力。

北拓：结合地铁轨道站点，引入商业、商务、商留等产业，提供公共和生活服务，提高土地经济效益。

■营城提质

□CO交通——筑脉通网

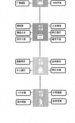

□CO生态——织水复碧

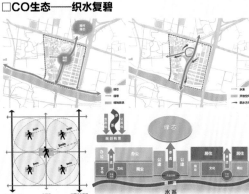

□CO用地——聚核营城

生态核心—水绿轴的放大节点，具有生态聚合功能。

文化核心—承接大都村在地文化，积聚创智产业人文，衔接创展游览精神。

服务核心—集合信息交流、文体服务、教育医疗等公共服务。

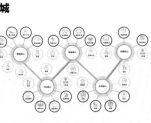

■融情建制

□CO治理——共建共享

搭扣多元主体利益

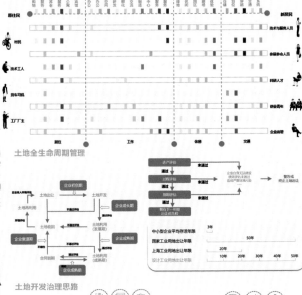

土地全生命周期管理

土地开发治理思路

STEP1
完善设施

STEP2
引入龙头

STEP3
完善产业链

STEP4
整体升级

■相地——现状空间综合研判

于生态安全的空间评价
据现状生态敏感性，判断场地内的建设度，进而划定场地内的可建造和限制建造区。

于现状建设用地空间多项因子的综合评价
现状建设用地的建筑质量、开发强、产业状况、文化价值、易改造度行综合评价，进而判断对现状地块建设方式，包括保留现状、改造更、拆除重建三种模式。

□生态安全评价-可建设度评价

生态敏感评价

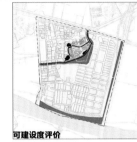
可建设度评价

□综合研判结果

已建保留区：位于可建区范围、现状已建成、综合状况良好的建设用地。
改造更新区：在可建区内可进行改造或功能置换的建设用地。
可增建设区：在可建区内进行新建或拆除重建的建设用地。
限制建设区：位于生态敏感较高的区域，需要限制建设的用地。

□空间研判思路

□现状建设用地评价

开发强度评价

产业状况评价

已建保留

改造更新

可增建设

限制建设

造难度评价

文化价值评价

建筑质量评价

■谋局——规划方案推导与蓝图布局

□交通：通脉筑网

整体结构，道路交通网络的形成是受到产业空间因影响的。不同的产业空间，路网密度一般不同：商业居住区域＞商务办公区域＞工业制造区域。

□产业：联动激活

引入龙头企业：依靠场地本身的金属加工制造业，引入机器人功能零部件制造企业总部区块，参与机器人功能零部件的生产，完善机器人产业链。

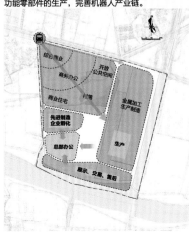

□生态：织水复碧

修复部分被掩盖的水网，同时增加新水道，完善水网体系，进一步扩大场地的滨水景观优势，同时提高场地的排水能力，减少洪涝的发生。

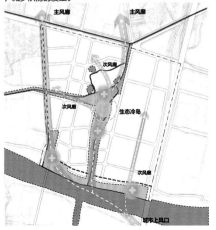

□用地：聚核营城

空间融合：加强不同片区的交通、活动和公共空间联系，在片区边界进行co-desakota的设计策略，促进片区斑块的融合。

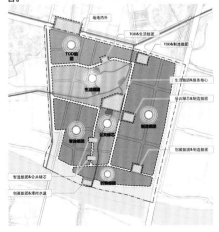

■城市设计总平面图

1 商业广场

2 步行街

3 居住区

4 小学

5 体育公园

6 禾渚村

7 农业公园

8 机器人产业园区

9 湿地公园

10 科技馆

11 信息中心服务平台

12 总部办公区

13 物联网中心

14 创展中心

15 游船码头

16 滨江公园

17 创展园

18 定制设计加工区

19 力源金属物流园

20 产业生活服务区

■城乡扣融 协同再生

□多元主体：政府+市场+村集体

市功能置入与乡村建设活化有机结合，城乡要素互为触媒，双向流，多元主体协同参与，把工业和业、城市和乡村作为一个整体统一谋划。

更新模式	更新主体	项目类型	单元开发模式
政府主导	政府	绿芯滨河绿地	单元整体开发
市场主导	单企业开发	商业房地产开发企业，需要连片土地的龙头企业	TOD组团总部区块制造组图	单元整体出让开发，由政府招商，提出控制引导要求
	多企业联建	有一定开发能力的企业或联建企业	产业孵化园创ämmert 组团	单个单元出让开发或多单元整体出让开发
村集体主导	村集体	大都村	单元局部开发

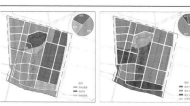

□多式更新：拆除重建+微更新+功能置换

除重建：针对潭村工业园等现状建设条件较差的村级工业。

更新：针对权属复杂、更新难度较大的村落宅基地。

能置换：针对闲置农用地，改造为农业公园和体育公园。

■产权整合 滚动更新

□产权整合

对村建设用地，明确产权边界，进行分区整合；对微更新的村庄和园区保持产权不变，功能持续运转。根据功能策划和产权现状分期实施更新，分期投产使用。

项目类型	涉及产权主体	产权整合方式
一期	商办区商业街开发	潭村 大都村	集体建设用地转国有征收
	居住区开发	潭村 大都村	集体建设用地转国有征收
	大都村综合整治	大都村	局部拆迁的重新安排宅基地建房
	农业公园建设	大都村	政府承租农用地
	金属物流城升级改造	力源公司	不改变
	产业定制区	力源公司	政府承租集体建设用地，与力源公司协商移交使用权
二期	绿芯	潭村	集体建设用地转国有征收
	综合服务展区	潭村	政府承租集体建设用地
三期	总部区块	潭村	集体建设用地转国有征收
	产业孵化园	潭村	政府托管集体建设用地

□分期开发

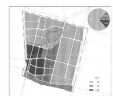

一期　　二期　　三期

■财务平衡 实施可行

□投资估算

保障财务平衡，可持续经营城市更新。

平衡建筑拆建规模与空间布局，保障实施的经济可行性与政府财政可持续。

更新统筹单元	拆除建筑面积	新建建筑面积	建拆比
A-TOD组团	26.3万㎡	79.1万㎡	3.01
B-制造组团	7.47万㎡	10.9万㎡	1.47
C-水乡村落组团	1.8万㎡	2.4万㎡	1.33
D-绿芯	7.9万㎡	16.1万㎡	2.04
E-智造组团	17.6万㎡	50.0万㎡	2.84
F-创展组团	3.4万㎡	6.7万㎡	1.97
总计	64.4万㎡	165.2万㎡	2.57

平衡建筑拆建规模与空间布局，保障城市更新实施的经济可行性与政府财政的可持续性。

本规划范围合计拆除建筑面积64.4万平方米，新建建筑面积165.2万平方米，建拆比约为2.57。

政府、村集体、企业的投资估算详见下表。

政府、村集体、企业的收益预测详见右表。

□收益预测

（表略）

（政府与村集体投资估算一览表、企业投资估算一览表、政府投入与收益一览表、大都村投入与集体收益一览表、潭村投入与集体收益一览表 略）

---

o-desakota在地性策略

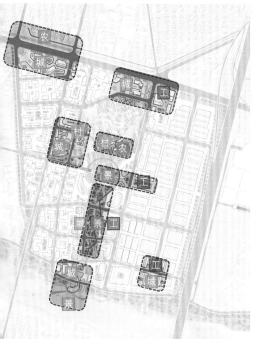

□co-desakota分类

锁扣式：以块状组团或点式公共空间，以形似锁扣的形态侵入另一片区，通过建筑肌理的过渡公共空间、景观等手段融合片区；

边界式：通过带状的公共空间，在该带状空间上设置若干个锁扣位置，或锁扣沿带延续，弹性连接和过渡两侧的片区融合。

□co-desakota的在地性策略

建筑功能：在不同用地性质地块的相临一侧，布置类似的建筑功能，实现两个地块之间的功能融合

人群流动：在两个有交通阻隔的地块设置便捷的立体连结通道，引导人群流动

建筑肌理：在不同地块设置肌理相似的建筑或者延续保留建筑肌理，使之具有整体性和统一性

公共空间：在不同地块之间设置相呼应的公共空间及形成视线通廊，加强两个地块之间的联系

景观肌理：在不同地块之间延续同质的景观斑块和植物配置，实现地块间的柔和过渡

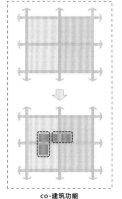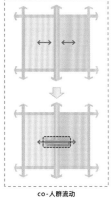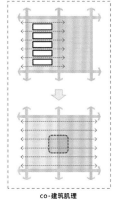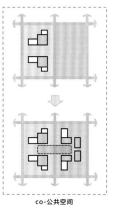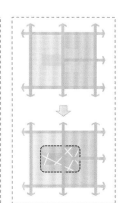

co-建筑功能　　co-人群流动　　co-建筑肌理　　co-公共空间　　co-景观肌理

co-desakota节点分析

■商业办公co力源金属物流城

办公与管理直接服务与金属物流城，与其功能连接关系紧密，同时办公人群对商业服务的需求很好地与商业街连接，对商业和工业空间进行搭扣连接。

设计办公区　办公广场　河涌景观　商业街连廊

序号	场地功能	策略选用
1	河涌景观	休闲功能、慢行连接
2	办公区广场	公共空间、休闲功能连接
3	办公楼	办公、设计室、厂房管理功能连接

■创展园co力源金属物流城

建筑保留，延续肌理：局部揭开建筑上盖，形成灰空间广场；新建建筑则延续条状的肌理；

功能置换，增添活力：为衔接功能，滨水一带的生产功能置换为产品展示

金属雕塑　钢结构体验　遮阳构筑物　立面改造

序号	场地功能	策略选用
1	生产展览	建筑功能、建筑肌理
2	街角广场	公共空间、景观肌理

■大都村co农业公园

本区域以基于原有农田改造形成的农业公园为基底，通过水乡民宿、体育公园及水体沟通了现状村落与农地、公共建筑、开放空间、工业园区的联系。

农田斑块　农业用房　水乡民宿　水田融合

序号	场地功能	策略选用
1	水乡民宿	建筑肌理、建筑功能
2	大都村水道	公共空间、景观肌理
3	中心湖	公共空间、景观肌理
4	村落道路	人群流动

■创展园co潭洲国际会展中心

游船对接，缝合两岸：借助潭州水道连续的游船路径，在场地滨水处设置游船停靠点，连接创展园与潭州国际会展中心；

空中连廊，实现一体：创展园直接与码头相连，减弱道路对功能的隔阂。

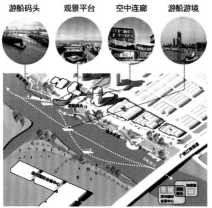

游船码头　观景平台　空中连廊　游船游境

序号	场地功能	策略选用
1	游船码头	建筑功能、人群流动
2	大都村水道	景观肌理

■现代居住区co大都村

公服设施包括幼儿园、小学、文化活动中心，对现代居住区和大都村均具有服务效应。其中，文化活动中心起到聚集不同区域居民、活动交流的作用，得到功能和人群的搭扣。

幼儿园　小学　村民活动中心

序号	场地功能	策略选用
1	幼儿园	教育公共服务连接
2	小学	教育公共服务连接
3	文体活动中心	活动公共服务连接

■商业办公co陈村花卉世界

TOD开发商业区位于场地的西北角，与潭村花卉世界被佛陈路主干道割裂，利用花卉世界地铁站的地下空间进行交通链接。地下空间业态基于商业街及花卉世界业态，进行业态连接过渡。

地下出口　地面出口　地下通道　地下商业

序号	场地功能	策略选用
A	地下连接、室外出口	公共空间、地下步行连接
B	地下连接、室内出口	商业街过渡、地下步行连接
C	地下连接、室外出口	生活商业服务、地下步行连接
D	地下连接、室外出口	花卉零售过渡、地下步行连接
E	地下连接、室外出口	地下步行连接

■中轴湿地区串联

本区域以拓宽河道形成的湖心岛为核心，结合两岸的公共建筑及绿地，形成中轴湿地的节点。该节点向东串联力源厂区的公共服务建筑，向南延伸中轴溪流湿地，向西沟通孵化基地，向北融合农业公园。

河滨公共建筑　空中廊桥　湖心岛　厂区广场

序号	场地功能	策略选用
1	产业孵化基地、信息中心	公共空间、建筑功能
2	农业公园	景观肌理
3	厂区入口广场	公共空间
4	中轴溪流湿地	景观肌理

■公共建筑co力源金属物流城

景观同质，延续肌理：入口广场铺植三角形的草地，配置相同的植物品种；

立面改造，打破边界：厂房的沿街立面改造趋于现代化，增建多层构筑物强调入口的轴线，置入玻璃材质的立面元素与西侧现代建筑相协调。

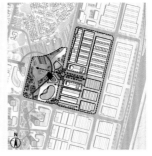

沿街立面　塔楼接连廊　入口设计　景观肌理

序号	场地功能	策略选用
1	入口广场	公共空间、景观肌理
2	街角绿地	公共空间

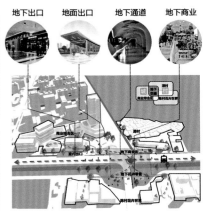
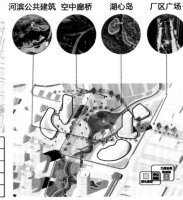
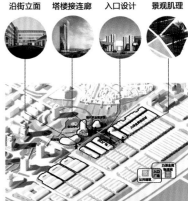

控规图则（部分） Regulatory Plan

佛山市三龙湾会展北区城市更新规划

空间结构规划图

佛山市三龙湾会展北区城市更新规划

现状土地利用图

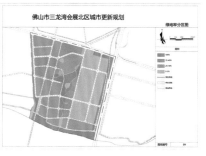

佛山市三龙湾会展北区城市更新规划

绿地率分区图

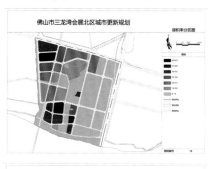

佛山市三龙湾会展北区城市更新规划

容积率分区图

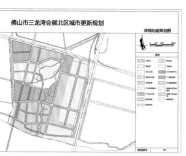

佛山市三龙湾会展北区城市更新规划

详细功能策划图

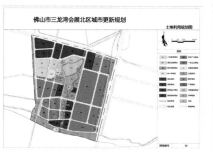

佛山市三龙湾会展北区城市更新规划

土地利用规划图

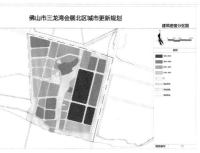

佛山市三龙湾会展北区城市更新规划

建筑密度分区图

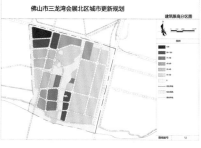

佛山市三龙湾会展北区城市更新规划

建筑限高分区图

分区设计导则——TOD、商业区

■地块平面详图

一中心、两层级、连廊串联

1. 以花卉世界站点出口的商业综合广场为中心和起点，以大型商业综合体为更新触媒，建设高品质商业中心节点，辐射带状商业空间。

2. 以400m为一层级，第一层级建设商业综合体、步行街和商务办公；第二层级建设高密度商业住宅。

3. 以二层连廊串联沿佛陈路的地块，达到功能串联的效果，完善地块慢行连续性。

慢行交通

- 二层慢行
- 地面慢行
- 地下慢行
- 地铁出口
- 地下出口

设计结构

- 商业综合广场
- 第一层级
- 第二层级

功能分区

- 功能分区

TOD地块性质及开发阶段

站点是TOD的起点 | 车站周边开发 | 站城一体化开发 | 站城一体化区域

车站功能更新+复合开发
周边网络+城市更新

TOD 0.0 | TOD 1.0 | TOD 2.0 | TOD 3.0

便捷 · 连接 · 商业 · 公共 · TOD地块

重点设计范围

① 喷泉广场 ⑤ 架空步行连廊
② 地铁入口 ⑥ EOD商务办公楼
③ 商业步行街 ⑦ 酒店式公寓
④ 下沉商业广场 ⑧ 屋顶花园

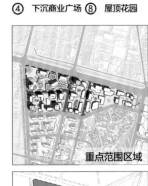
重点范围区域

TOD开发区域

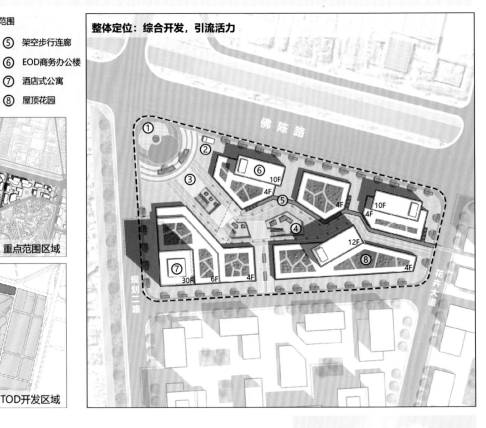
整体定位：综合开发，引流活力

佛陈路 / 规划二路 / 花卉大道

10F · 4F · 4F · 10F · 4F · 12F · 30F · 6F · 4F · 4F

■设计展示

■规划策略

□复合开发

32% 商业 | 18% 办公 | 2% 会议 | 4% 休闲娱乐 | 7% 酒店 | 26% 居住
3% 文化 | 6% 教育 | 4% 其他公服

- 商业 酒店 其他公服
- 办公 居住
- 会议 文化
- 休闲娱乐 教育

□立体开发

花卉零售 花艺展览 花艺工坊 商务办公 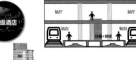高级酒店

购物消费 超市消费 特色餐饮 电影娱乐 休闲运动

■地块控制导则

□地下空间：交通型、商业型、活力型

站厅 · 站台 · 地面出口 · 地下通道 · 扶梯+楼梯
通道 · 通道 · 通道

交通型 · 商业型 · 活力型

□开放空间：商业街、入口广场

D/H=5 · D/H=2

分区设计导则——居住区

■地块平面详图

一轴线、三分区、人车分流

以"C"字形轴线串联四个地块的空间，将三个居住组团及幼儿园、小学和滨水景观带进行流线和空间上的串联。

地块分成公服、居住及滨水景观三大类型区域。公服主要由裙楼的综合公服及单独用地的教育公服组成。

每个地块组团内步仅设置人行道路，机动车通过地下入口进入停车场，达到场地内人车分流的效果。

空间结构

▢	公服设施
▢	居住组团
▢	滨水绿地
→	空间轴线

■观绿化

景观节点
绿化轴线
水系轴线

慢行交通

地下停车场入口
人行出入口
外部车行道路
内部人行道路

- - - 重点设计范围

① 入口广场　⑤ 中心活动广场
② 底层商业　⑥ 幼儿园
③ 居民楼　　⑦ 游憩步道
④ 小区公共花园　⑧ 景观河涌

重点范围区域

商住区块区域

整体定位：幸福人居，服务未来

■设计展示

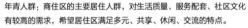

■居住配套

人群需求

年青人群：商住区的主要居住人群，对生活质量、服务配套、社区文化有较高的需求，希望居住区满足多元、共享、休闲、交流的特点。

儿童人群：居住区有较多的核心家庭，家庭中的儿童需要成长及嬉戏空间，对应需要教育、游乐等空间。

老年人群：颐养和社交的需求，需要停工修养和聚会等公共活动空间。

公服配套

以十分钟生活圈为标准配备公服设施：

商业设施：以裙楼的形式沿街道布置商业服务配套。

教育设施：商住区及周边居住区服务小学、幼儿园、幼托所等。

医疗设施：配备社区卫生服务中心、社区卫生服务站、老年之家等。

活动设施：配备社区活动室、文体活动中心，室外绿地及广场。

主要技术经济指标			
建设用地面积	105204m²	总建筑面积	224442m²
容积率	2.1	建筑密度	25%
建筑限高	40m	建筑基底面积	26034m²
绿地率	41%	机动车停车位	2173个
幼儿园用地面积	3307m²	小学用地面积	19846m²
商业用地面积	2600m²	医疗用地面积	2100m²
文化活动用地	3000m²		

■地块控制导则

■建筑准则

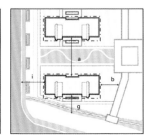

面宽		符号
开间宽度	15-20m	w
进深		
进深	12-20m	d
高度		
首层高度	4.0m	e
二层及以上楼层	3.0m	f
最建建筑高度	26m	-
最大建筑高度	40m	h

建筑后退距离		符号
临街面	15-18m	i
临河面	6-15m	g
相邻建筑面	30-35m	a
临广场面	13-18m	b

□公共空间准则

广场		符号
入口广场宽度	30m	a
中央广场宽度	25m	b
步道		
组团内步行道	2-5m	c
绿化带		
组团内绿化带	10-12m	d
滨水绿化带	5-8m	e
水系		
河涌宽度	10-15m	f
河涌长度	162m	g

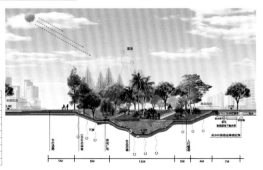

200m

200m

居住	绿地	居住 商业
	广场	
	绿地	公服
水系		

分区设计导则——大都村

■地块平面详图

双轴多节点，一河两岸六组团

1、沿村落主要道路打造文化轴线，沿南侧河涌打造生态轴线，串联主要景观节点。

2、疏通内外交通，整治河涌环境，重点打造“一河两岸”的岭南特色村居风貌。

3、在村落西侧统一复建安置，形成六个居住组团，保留场地历史建筑。

观音庙

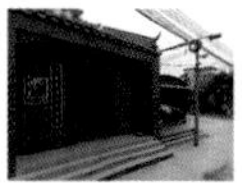

梁氏宗祠

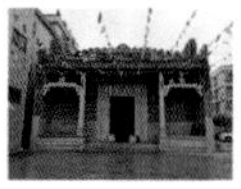

区氏宗祠

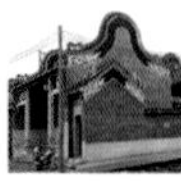

景观结构分析

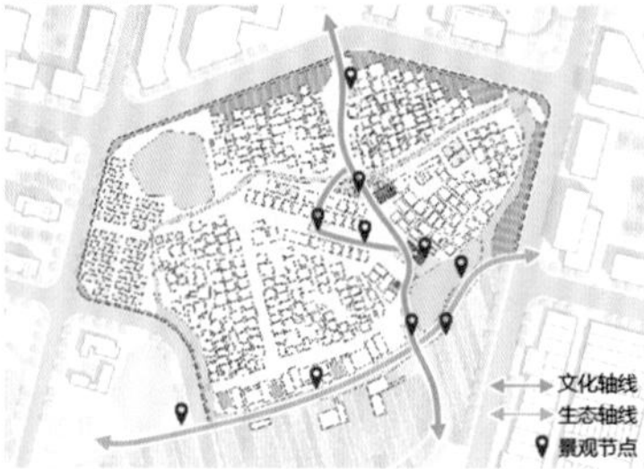
文化轴线
生态轴线
景观节点

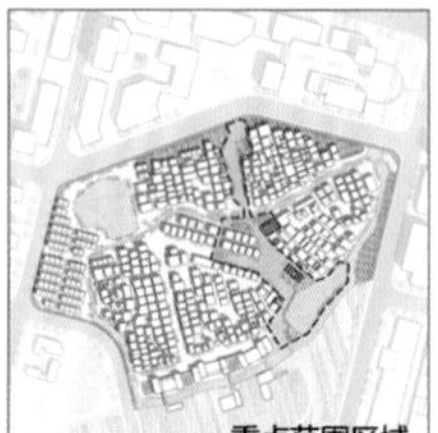

重点范围区域

道路结构分析

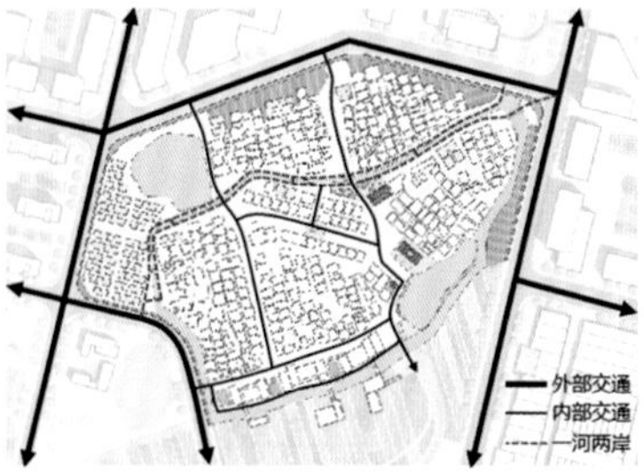
外部交通
内部交通
一河两岸

建筑组团分析

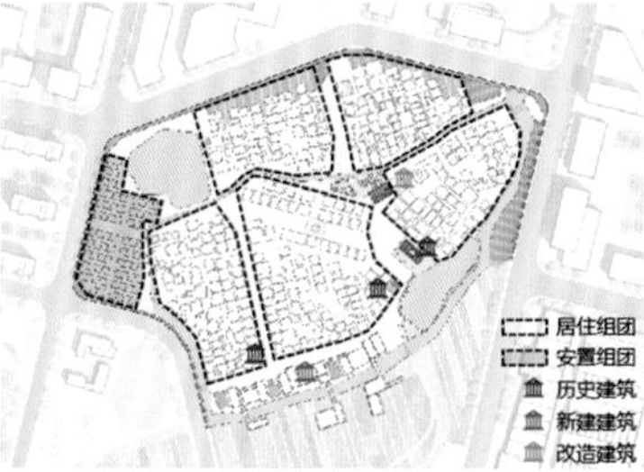
居住组团
安置组团
历史建筑
新建建筑
改造建筑

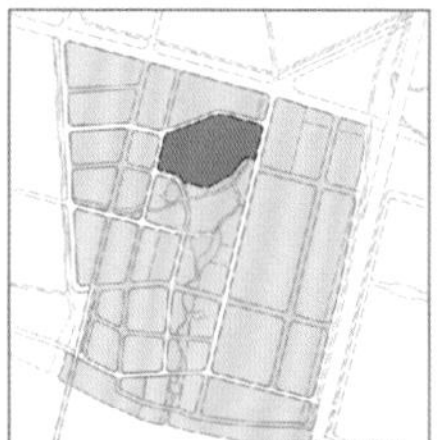

禾渚村区域

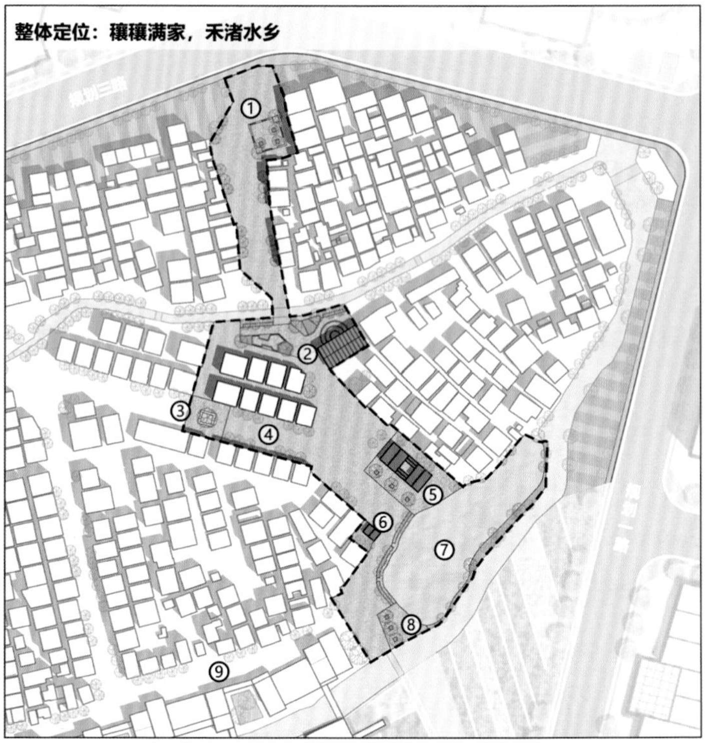
整体定位：穰穰满家，禾渚水乡
重点设计范围
① 民俗广场
② 活动广场
③ 丰收广场
④ 晒谷场
⑤ 区氏宗祠
⑥ 观音庙
⑦ 风水塘
⑧ 老村广场
⑨ 水乡民宿

■设计展示

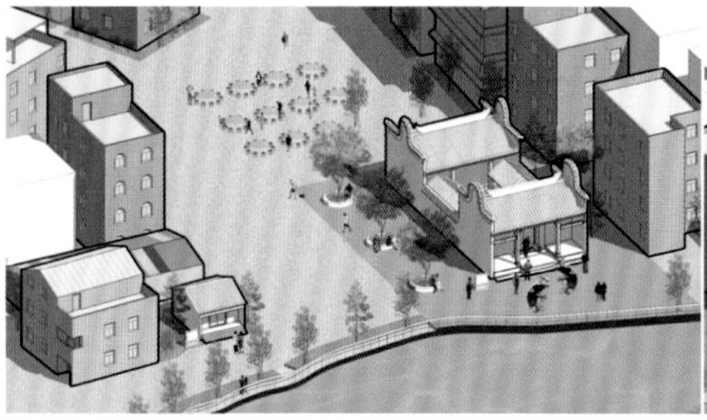

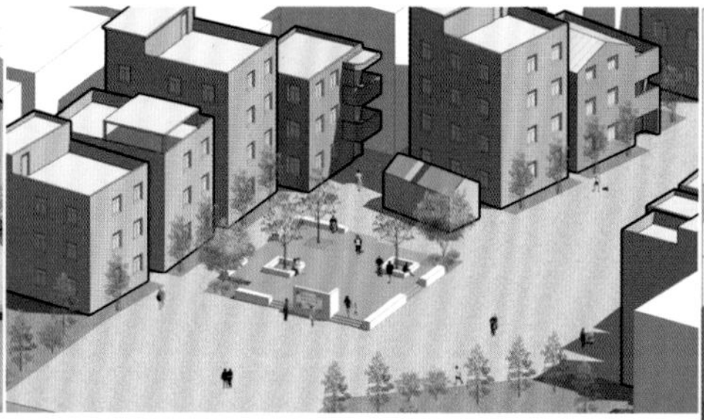

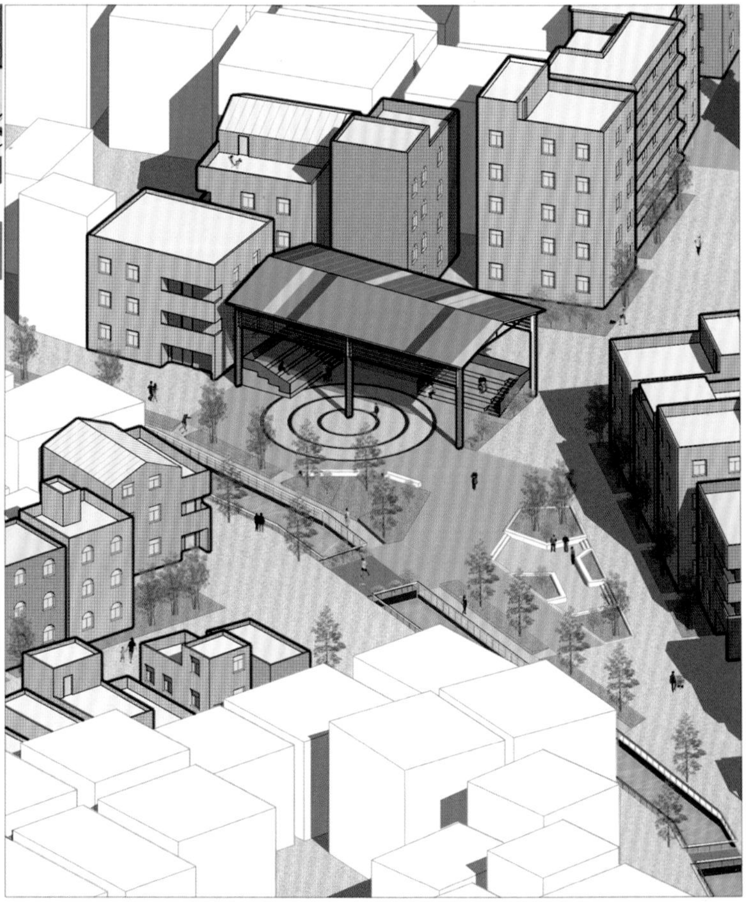

■地块控制导则

□建筑：空置厂房改造

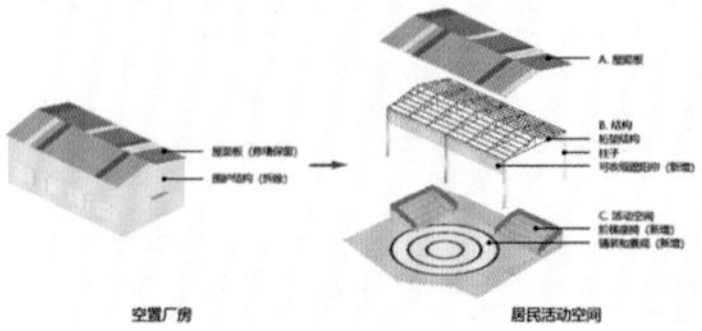
空置厂房
居民活动空间

□建筑：村宅整治

1、沿村宅外侧增加绿植，种植花期较长的观赏性低矮植物。

2、从结构、建设年代、风貌等方面对现状民房进行统计分类，并逐步改造。

改造对象	改造措施
结构完整、风貌和谐、质量良好	保持现状
年代久远，局部破损，有地方特色	修缮翻新，活化利用
年代较新、风格不协调	立面美化，局部微改造
破损严重、违章或有安全隐患	清理与拆除

□建筑：空置厂房改造

民俗广场

1、村道北入口新建民俗广场，设置入口标识，可采用石材，刻村名，搭配色彩丰富、花期较长的观赏性植物。

2、增设具有岭南特色的文化墙。形式可采用贴艺术烤砖、岭南风水画等。

祠堂广场

拆除祠堂周边和祠堂与风水塘间建筑，修剪绿化，清理杂物、杂草。

绿化提升

种植观赏性植物，不同高度、花期的植物相互搭配。设置兼做休憩使用的树池。

□河涌整治

驳岸改造

1、结合防洪要求，将软质驳岸改造为硬质驳岸，采用乡土风的鹅卵石做堤岸。

2、设置安全护栏，护栏采用石材质，栏杆选用带花架的样式，并种植观赏性花卉作为装饰，与水乡风貌融合。

河道复清

对沿河垃圾以淤泥进行清除整治。河涌内种植观赏性水生植物，丰富河面景观。

景观提升

风水塘、河涌旁增设绿化景观带。两岸合理进行植物配置。增设景观小品。

□道路空间

1、拆除路旁的私人搭建，拓宽村道至5m以上。

2、沿路增设照明设施、卫生设施、休憩设施等。

3、改善路面状况，重新铺设坑洼的路段。

4、民居与村道之间留至少0.5m-1.5m宽的隔离绿化带，可种植低矮灌木、草本植物如竹子等。

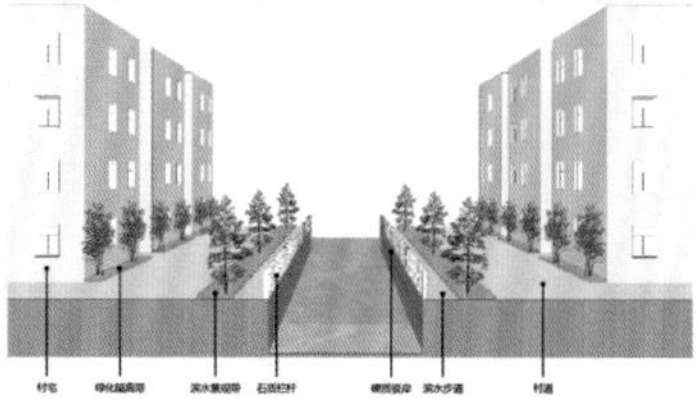

分区设计导则——农业公园

地块平面详图

交通结构

场地内主要为田埂路以及景观观赏带，道路多与景观特色节点，以及观景界面相结合，通过不同的田埂路进行观景区域的连接。

图例：
- 地下交通
- 外部交通
- 村庄交通
- 景观道路
- 田埂路

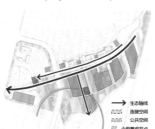

公共空间结构

文化轴线+生态轴线

以水乡民宿为节点，承接村落的文化轴线并延续为生态轴线，连接不同的生态景观以及农田体验展示区。

图例：
- 生态轴线
- 连接空间
- 公共空间
- 小型景观节点

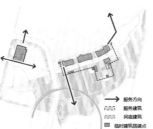

建筑布置

场地内主要分为民宿建筑，公共服务建筑以及临时搭建的观景建筑以及活动建筑，主要围绕农田以及景观观赏带。

图例：
- 服务方向
- 服务建筑
- 民宿建筑
- 临时建筑搭建点

图例：
- - - - 重点设计范围
- ① 水乡民宿
- ② 活动广场
- ③ 民宿鱼池
- ④ 老村广场
- ⑤ 中心步行环
- ⑥ 现代农业体验园
- ⑦ 传统农业体验园
- ⑧ 农产品展示区
- ⑨ 稻田野趣

重点范围区域

农业公园区域

整体定位：以谷为新，与谷为情

设计展示

地块控制导则

建筑准则

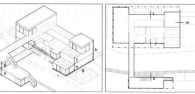

面宽		符号
宽度	9-20m	i
进深		
	15-20m	g
高度		
高度	4.5m	a、e
及以上楼层	3.5m	b、f
建筑高度	5m	
建筑高度	12m	h
栏杆高度	1.2m	c

	建筑后退距离	符号
临街面	3-5m	i
临河面	2-6m	g
相邻建筑面	4.5m	a、e
临广场面	3.5m	b、f

首层	商业、服务业、娱乐、居住	
二层	居住	
顶层	屋顶花园、通道	

开放空间准则

农田空间准则

位置	现代农业体验区
出入口	主入口为民宿以及景观道路
道路宽度控制	**符号**
广场旁道路	3-4.5m c
主要机排旁道路	2-3.5m a
田埂路	1-2m b
景观设计	延续原有的景观机排为主主要保护原有的农作物
人群活动	散步、农业采摘体验、休憩

广场空间准则

位置	民宿主入口广场
出入口	农田以及文化中心通路入口
道路宽度控制	**符号**
广场旁道路	4-6m a
临河道路	1.5-2.5m b
田埂路	
景观设计	广场以及临建筑一侧种树退留 民宿与村落种树相隔离
人群活动	广场体验集会、住宿游憩、散步游憩

农业公园体验厅

■ 地块平面详图

三轴多节点，一河两岸涵养水源

1、南北为联通水系的生态修复轴，公共建筑与溪流平行布置，形成公共服务轴。

2、溪流西侧主要布置密林，东侧由于与建筑功能交汇较多，景观设计多采用灌木或草地。

3、溪流两侧均布置多个塔楼，强化中轴线视线效果。

4.溪流湿地通过自然水体和人工蓄水两种方式吸收雨水，故从水面到最低的慢行道的高差为1.2m。

结构分析

- 公共服务轴
- 产业联动轴
- 生态修复轴
- 景观节点

交通动线分析

- 市政道路
- 二级步道
- 自行车道
- 景观慢行道

景观视线分析

- 视线通廊
- 景观眺望视点

中轴湿地区域

重点范围区域

整体定位：都市绿肺，城绿嵌合

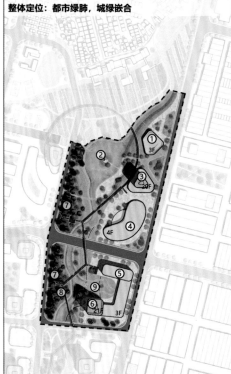

- - - 重点设计范围
- ① 现代农业展览馆
- ② 湖心岛
- ③ 会议中心与酒店
- ④ 科技馆
- ⑤ 云计算中心
- ⑥ 物联网控制中心
- ⑦ 密林区
- ⑧ 瞭望塔
- ⑨ 湿地公园

□ 高程控制

建筑高程	中轴线两侧塔楼限高90m，商业裙房和其他公共建筑限高30m
地面高程	滨河慢行道标高-3.0m，或高于水面1.2-1.5m
竖向高程	从市政道路到滨河慢行道标高从0.0~-3.0m，滨水植物标高从-3.0m到水面
水体高程	湿地公园水面标高为1.50m，河道水面标高为-4.50m，蓄水池池底标高为-8.0m

□ 种植设计

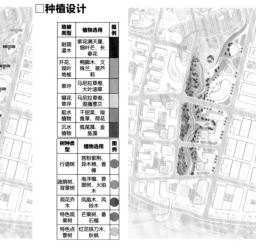

地被类型	植物选用	图例
耐荫灌木	紫花满天星、细叶丝、长春花	
开花、观叶地被	鸭脚木、文殊兰、翠芦莉	
草坪	马尼拉草卷、大叶油草	
缀花草坪	马尼拉草卷、混播葱兰	
挺水植物	千屈菜、梭鱼草、荷花	
沉水植物	狐尾藻、金鱼藻	

树种类型	植物选用	图例
行道树	宫粉紫荆、异木棉、香樟	
遮荫树、背景树	南洋楹、菩提榕、火焰木	
观花乔木	凤凰木、风铃木	
特色果树	芒果树、番石榴	
特色景树	红花鸡刀木、秋枫	

■ 设计展示

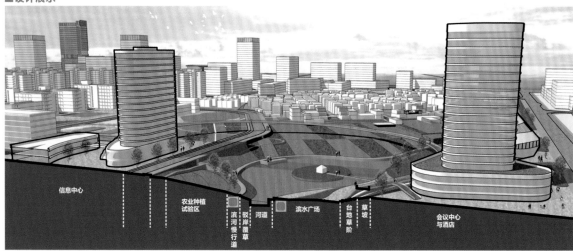

信息中心 | 农业种植试验区 | 滨河慢行道 | 驳岸覆草 | 河道 | 滨水广场 | 台地草阶 | 草坡 | 会议中心与酒店

■ 地块控制导则

□ 建筑准则

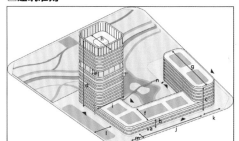

建筑形式	面宽	符号	进深	符号	高度	符号
首层建筑	≤90m	j	20m≤f≤40m	f	首层层高5m，或通高	a
裙房					标准层高4.5m，b≤28m	b
多层建筑	25m≤k≤40m	k	30m≤g≤80m	g	c≤60m	c
高层建筑	30m≤i≤50m	i	30m≤h≤50m	h	d≤90m，中间设置空中花园，净高4.5m≤e≤13.5m	d、e

控制项目	控制导则	符号
临主次干路界面	16m≤l≤32m，绿化带或橙树隔离噪音和视线，绿化宽度≥8m	l
临支路界面	8m≤m≤16m	m
临河面	4m≤n≤24m，n指从建筑立面到驳岸硬质铺装边缘的长度	n
出入口位置	临支路设置1-2个人行入口和地下车行入口，临主次干路入口由绿化带隔离，由支路进入	▲

□ 景观设计准则

a

b

	建筑尺寸（长宽高）	建筑材质	位置
瞭望塔	6*6*24	木、金属	（图a）
湖中亭	9*9*4.5	木、混凝土	（图a）

道路类型	道路宽度	地面铺装材料	道路功能	图例（图b）
二层步道	4m-6m	环氧树脂自流平	连接中轴上不同地块的广场和建筑，观景视野较好	
河滨慢行道	1.5m（慢行道）+2.5m（自行车道）	epdm彩色颗粒塑胶	跨越地块的连续自行车道和慢跑道	
林中步道	1.5m-3m	金属/木栈道	提供休闲游憩路径	

驳岸类型	符号
水生植物+步道	（图a）
水生植物自然驳岸	（图a）
人工亲水驳岸	（图a）

空间类型	植被组合	活动与功能
密林区	耐荫灌木+遮荫树+行道树	林下活动、游憩路径
草坡区	缀花草坪、开花地被+观花乔木、背景树	密林到滨水过渡，解决高差，种植观赏乔木
草坪区	草坪+特色点景树	开阔活动空间
滨水区	挺水植物、沉水植物	衔接河滨慢行道和河道

分区设计导则——创展园

■地块平面详图

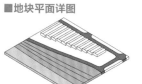

呆留大部分厂房建筑，延续原有垂直水岸的条状肌理；

拆除部分建筑，形成活动公共空间，结合空间设置景观步道；

局部改造建筑，增加天窗、连廊及室外楼梯，确定滨水节点；

深化场地景观设计，完善不同层次的步行系统。

重点设计范围

① 金属艺雕展览　⑥ 街角休闲绿地
② 铁艺广场　　　⑦ 亲水平台
③ 金属文创销售　⑧ 观景平台
④ 喷泉雕塑广场　⑨ 游艇小码头
⑤ 创展步行街

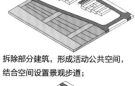

重点范围区域　创展园区域

整体定位：活力滨水，展创示貌

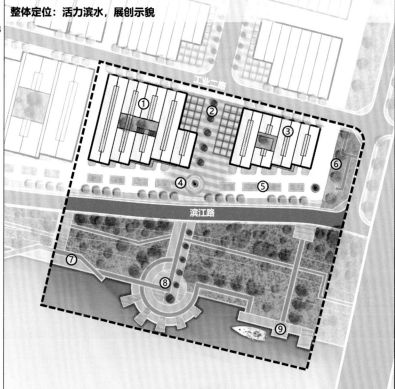

结构分析

←→ 视线通廊
←→ 生态轴
←→ 步行轴
● 景观节点

打通垂直于河岸的视线通廊，沿创展园打造观展步行轴，滨水营造活力生态轴。

交通分析

━ 车行交通
━ 人行交通
━ 慢行步道

完善车行、人行、慢行道路体系，实现人车分离，重点丰富滨水区域的慢行步道。

■设计展示

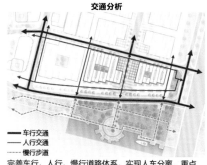

■地块控制导则
□建筑改造

造前：呆板单调的厂房空间，以效率为重，内置底层办公接待。

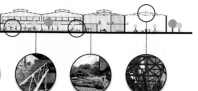

造后：建筑内部重新分隔空间，屋顶增设天窗，中部打开内庭院，局部厂房钢结构形成灰空间，增加乔灌草花的种植。

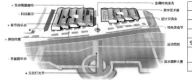

□功能策划

一月 元旦打灯节　二月 春节音乐会　三月 活动招揽　四月 滨水趣味走夯　五月 金属时尚走夯　六月 科技展示

七月 房创市集　八月 美学艺术展　九月 特色美食节　十月 互动情景剧　十一月 设计交流会　十二月 圣诞跨年毕

□开放空间准则

广场空间

位置	创展园主入口广场	
出入口	南北贯穿，沿城市道路	
空间宽度控制		符号
穿越道路	15-18m	a
广场面宽	50-80m	b
空间高宽比	0.12-0.20	c
景观设计	通过序列性的景观强调广场的南北轴线，并种植特殊的色叶树	
人群活动	广场休憩集会，举办相关活动	

步行街空间

位置	创展园南侧	
出入口	创展园主入口及沿道路	
空间宽度控制		符号
步行宽度	8-12m	a
空间高宽比	0.20-0.25	b
景观设计	沿步行街布置序列性景观，具有层级感和多样性，局部增设水池	
人群活动	散步，活动疏散，休憩集会	

□驳岸空间

观景平台

驳岸控制		符号
驳岸高差	0.5-1.5m	a
驳岸角度	75-90°	b
景观设计	沿水种植低矮的水生植物，星少有一倒种有透明，布置休息座椅	
人群活动	休息停留，观赏摄影	

亲水台阶

驳岸控制		符号
驳岸高差	0.2-0.5m	a
驳岸角度	10-25°	b
景观设计	阶梯层次丰富，具有休憩功能，与场地的植物种植融合设计	
人群活动	休息停留，亲水体验	

生态草坡

驳岸控制		符号
驳岸高差	0m	a
驳岸角度	5-30°	b
景观设计	种植不同次列彩的水生植物，符合岭南湿气候，无视线遮挡	
人群活动	经过，观赏植物	

分区设计导则——力源工业区

■地块平面详图

1、道路分析：以城市道路代替原有的主要内部道路，疏通内外交通，保证工业园各个方向的道路可达性，提高工业园的物流运输效率。

2、建筑组团分析：

一般规模制造组团：靠近广佛路的厂房组团拥有较好的物流运输条件，可以在保留原有的金属加工功能，并提升其规模制造的效率；

企业办公组团：靠近场地中线绿心一侧的厂房周边拥有良好的绿色景观条件，可以进行建筑改造，对内部空间重新划分来植入办公和展示功能；

规模定制制造组团：对复杂的定制产品进行规模制造的建筑组团，空间上北接一般制造组团，南临创展组团，在功能上起到"处理客户定制信息—发放初级产品订单—定制产品制造"的衔接作用。

3、景观结构分析：沿组团西侧组织景观流线，同时与场地的绿心联动。

⌐⌐⌐ 重点设计范围	
① 体验展示	⑥ 集中停车
② 板材加工	⑦ 管材加工
③ 企业办公	⑧ 金属定制加工
④ 力源广场	
⑤ 企业办公	

重点范围区域

力源工业园区域

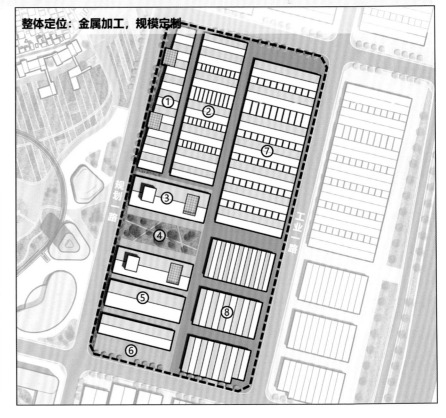

整体定位：金属加工，规模定制

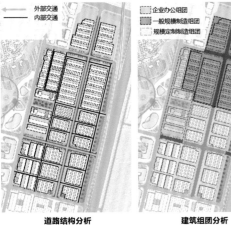

道路结构分析

← 外部交通	
← 内部交通	

建筑组团分析

■ 企业办公组团
■ 一般规模制造组团
■ 规模定制制造组团

景观结构分析

•→ 景观流线
⏸ 景观节点

■设计展示

■地块控制导则

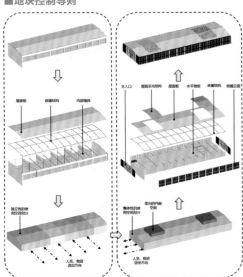

厂房改造——企业办公（左图）

1、办公功能植入：植入办公空间，包括办公、会议、走廊、休闲等多个区域。

2、空间水平划分：利用厂房内部空间较高的净高，改造成多层水平空间，提高空间利用率。

3、室内开敞空间：进入厂房内部要有一种空间的过渡，有一个从公共空间过渡到私属空间的过程。

4、立面改造：对入口方向和外立面重新设计，为办公人员创造一个舒适、方便的环境。

厂房改造—规模定制（右上图）

附属空间植入：为了满足定制金属制品的规模制造，需要在一般制造厂房内放置附属的办公设计空间。

厂房改造——产业体验+展示（右下图）

1、拆除改造梯形厂房是在土地开发过程中因为土地边界的原因而形成，基于新的路网关系，可以对梯形厂房平面进行补全。

2、金属定制加工体验与展示

梯形厂房有独特的内部空间，同时其位于工业园的主要人流线路上，可以放置金属定制加工体验功能。

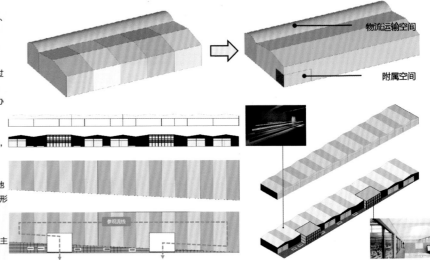

物流运输空间

附属空间

参观流线

分区设计导则——总部区块

地块平面详图

各区联动打造现代化机器人产业园

1、机器人产业园划分为总部、科研、智造、孵化四个功能区块，区块之间相辅相成，大小企业合作共赢。

2、沿景观主轴打造产业园区东西向视线廊廊，十字路口布置街角公园、街区内部景观相互联系，打造产业园景观绿地体系。

3、街区内部提高公共空间多样性，室内室外、地上地下的公共空间相结合，打造特色观赏节点，丰富游客游览体验。

```
┈┈┈  重点设计范围
```

① 机器人总部　　⑤ 机器人展示中心
② 人工智能总部　⑥ 机器人主题公园
③ 智能装配制造区　⑦ 服务配套区
④ 机器人贸易区

整体定位：机器人企业总部区块

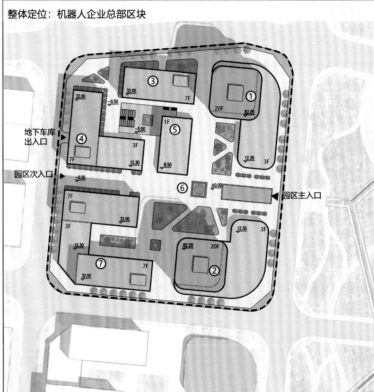

主要技术经济指标

建设用地面积	33198㎡	总建筑面积	125184㎡
容积率	3.77	建筑密度	45.8%
建筑限高	82.2m	建筑基底面积	15185㎡
绿地率	33.2%	机动车停车位	600个

机器人总部区域

```
┈▶  场地景观主轴
┈┈  景观视线通廊
●   街区景观联动轴
●   街区景观节点
```

区域景观分析

```
●   游览流线
●   观赏节点
```

场地游览流线分析

```
┈┈  机器人产业园
```

区域产业联动分析

设计展示

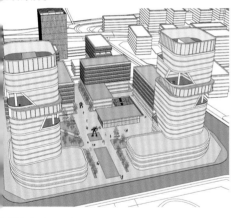

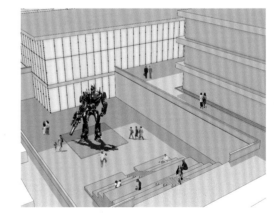

地块控制导则

机器人展示中心

机器人展示中心需要完整的大面积空间，有模块化尺寸建成的通高大型展厅和较小空间的体验式展厅。展示中心内部空间连续性强，有流畅的交通游览流线，能容纳大量参观人流流动。外立面采用透明玻璃材质，吸引游客进入展厅。

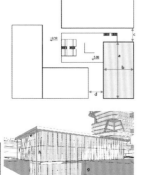

机器人只能装配楼

根据智能装配产业无污染且经济效益好的特点，智能装配楼采用工业上楼的方式，用工业电梯在垂直方向上进行联通，各层平面用12M×12M的模块化方形柱网建设，保证各层的防火抗震要求符合标准，保证生产安全的同时大大提高用地效率。

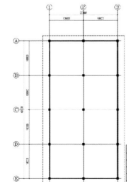

工业制造区

管理办公区

机器人展示中心控制导则

控制内容	具体数值	代表字母	控制内容	具体数值	代表字母
建筑投影长度	44m	a	建筑投影宽度	24m	b
建筑间距1	12m	c	建筑间距2	12m	d
裙楼长度	2m	e	一层层高	8.5m	f
下一层层高	5m	g	建筑总高度	13.5m	h

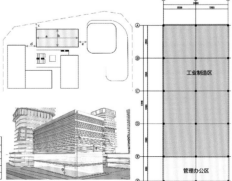

机器人智能装配楼控制导则

控制内容	具体数值	代表字母	控制内容	具体数值	代表字母
建筑投影长度	57m	a	建筑投影宽度	24m	b
用地红线最小退距	8m	c	建筑间距	15m	d
建筑间距2	12m	e	一、二层层高	6m	f
3-7层层高	4m	g	建筑总高度	32m	h

广州大学 漆 平

　　我们每年的课题难度都不低，今年尤为如此。可喜的是，今年的同学们和以往一样，他们的表现总是超出我们的预期，他们的成果总是能给我们惊喜。同学们的好学、严谨、勤奋、友善给我留下了深刻的印象。对于教学团队提出的近乎苛刻的要求，同学们表现出他们敢于接受挑战的勇气。学生大组长和各校小组长都尽职尽责尽心，积极配合教学团队的工作安排，使各项教学活动得以顺利开展。

　　当然，我知道在这背后，是14位教师和3位广东省规院专家组成的教学团队所付出的心血。多年合作的默契、共同的追求、不懈的探索是这个教学团队不断前进的动力。我们努力维系公平的竞争、保持平和的心态、营造温暖的氛围、探索有趣的教学方式，这些已然成为教学团队的共识。

　　在全体参与者的共同努力下，今年的联合毕设经历了数次特殊情况，克服了重重困难，终于画上了圆满的句号，其成果来之不易。

　　明年将是"非常城规6+1"的十周年，让我们共同期待。

教师感言 2021

四川大学 赵 炜

　　师生团队今年在选题上面临了很大的挑战，好在同学们的努力使得作品集依然精彩纷呈，这就是对教学成果最好的肯定。不断地有院校和专家融入教学团队，带来许多新的视角、经验和话题，也是联合毕业设计富有生命力的秘密所在。印象特别深刻的是，历年来第一次有开发公司代表参加中期答辩的审查，且当场对个别方案的成熟表示出了高度的肯定，我想这一定会让同学们感受到被认可的愉悦。

　　经历了历届激烈的竞赛拼搏，各个学校对于"南粤杯"联合毕业设计教学方面已经形成了一些惯性。我们如何继续推陈出新，将毕业设计成果的不断积累，与对课题涉及的领域持续深入的联合研究更好地结合起来，是值得去思考的话题。即将迎来联合毕业设计的第十个年头，相信广东省院的领导和热心于教学科研的各位老师们，一定会有更好的举措。

教师感言 2021

广东省规划院　龚　斌

　　有幸第二次代表院参加此次六校毕业设计竞赛活动。竞赛的题目来源于佛山三龙湾一个滨水工业区，是过去珠三角粗放发展模式下城乡接合部村集体经济发展的一个缩影。对比三龙湾在大湾区的发展愿景，在复杂的经济利益分配下形成的城镇空间形态不适合区域未来转型发展的要求。参与此次毕业设计竞赛的学生，通过规划设计过程中的思考为工业区的改造提出新的思路，是我们所期待的。

　　此次活动所处外部环境的特殊性也对活动开展带来了一些影响，但参赛的师生面对复杂的现状、超大的街区尺度开展了各自的创意思考，也为我们设计单位的同事寻找到一些新的突破点。尽管中期汇报中看到有些学生对项目案逻辑、设计深度等方面的把握不足，但他们在后续的深化过程中得到了修正。这正是校企联合开展毕业设计给学生提供的锻炼机会，将学校习得的知识体系与实际项目结合所产生的收获。

　　愿同学们在竞赛活动过程中体会到一次锤炼的机会，更好地适应将来的工作岗位；也希望"南粤杯"6+1联合毕业设计竞赛活动能一直延续下去，成为我院与高校合作联系的纽带！

教师感言 2021

广东省规划院　熊浩

　　佛山市三龙湾高端创新集聚区会展北区的联合毕业设计意在关注大城市边缘村镇混杂区的城市更新问题。作为长期跟进三龙湾区域的项目组成员，各位专家和老师的精彩点评、同学们的创意方案，让我有机会能将实际项目推进的困难和竞赛过程中收获的观点相结合，受益匪浅！

　　首先，多样化的课题成果也许不能算是最终答案，却点亮了一系列创造性的解决问题姿态。毕业设计强调的是结合自身优势提出的创意和解决问题的手段，而不是用唯一的标准来衡量。竞赛中厦大同学提出的超级聚落、华工同学提出的CO-desakota·"扣"等理念，都为这块土地提供了别样的精彩。其次，在跨地域高校间的交流碰撞中，各位专家和老师的真知灼见也让我了解到不同高校、不同企业规划人的关注要点，了解到规划教育与实际项目的差别，让我也获得别样的跨越。

　　愿同学们收获于心、受益终身，也愿六校联合毕设能越办越精彩！

教师感言 2021

广东省规划院　黄　雄

　　2021年的南粤杯是在疫情缓和后依然存在诸多不确定性的情况下摸索中前进，无论是各位指导老师还是六校的各位学生都克服了疫情反复带来的诸多不便，共同取得了这一批高质量的毕业设计成果。我作为其中的参与者之一，跟各位老师、同学共同经历这段辛苦而又充实的毕业设计之旅，留下了许多美好的记忆，也让我收益良多。

　　这次毕业设计关注粤港澳大湾区核心平台三龙湾高端创新集聚区的城市更新课题，题目本身就充满了挑战性，一方面项目场地汇集了旧村落、旧仓房、内外河水系等复杂性要素，另一方面创新空间营造、文脉延续、生态修复等多个设计目标都给课题带来了许多挑战。

　　但是从毕业设计开始到最终成果的完成，我们时时被各位老师和同学的严谨态度、创意思路和专业素养所感动。在跟同学们的交流过程中，我一直希望同学们坚持自己的创意，不断修正和完善，那么就可以得出六个独一无二的新颖方案。最终令人欣慰的是，老师和同学们也的确做到了坚守初心，没有因为中间的挫折而放弃最初的灵感，这种坚持和执着本身就是一个规划人最可贵的品质。

　　感谢各位老师和同学们带给我的美好记忆和感动，期待未来的有缘再聚，愿各位同学前程似锦。

教师感言

广州大学 骆尔提

　　经历了2020年的全程线上指导后，六校师生再次线下相聚，虽然今年的毕业设计不时受到新冠疫情的干扰，但师生们通过努力，克服了种种困难，最终提交了一份圆满的答卷。

　　今年联合毕设课题看似简单，实际上难度非常之大，三龙湾发展"模式"是改革开放以来，位于广州、深圳、佛山等城市边缘的企业聚居地的一个缩影，是计划经济向市场经济转变过程中的城市发展写照，随着我们国家的改革步入深水区，这一类城镇的发展模式问题将越来越多显现。

　　本课题涉及了城乡发展的诸多难题：

　　1. 城乡二元体制的问题；

　　2. 国有土地与集体土地的问题；

　　3. 产业模式与经济转型的问题；

　　4. 随着社会组织结构的转变，传统村落而何去何从的问题；

　　5. 国土空间规划背景下，产业、生态、人文的协调。

　　在毕设成果中，我们看到了很多惊人的"相似"之处，都保留了传统的村落，在生态环境方面都做了深入的研究，都能够从区域均衡发展的宏观视角进行分析，这些不约而同的"相似"体现了大家在城市更新中所遵循的一些价值理念：尊重、生态、谨慎、包容。

教师感言 2021

广州大学 宁 艳

联合毕业设计项目已经历经十年，很庆幸能在这么有意义的时刻加入这个大家庭。这个大家庭成员来自五个省份，有广东省规划院的专家们，有华南理工大学、昆明理工大学、南昌大学、四川大学和厦门大学等兄弟院校的同行们，还有来自各高校的一群活泼开朗的同学们。对我来讲，参与六校联合毕业设计是一次新的尝试，我们一起在线开题、研讨，一起到省规院考察学习，又一起到佛山三龙湾现场调研，匆匆几个月，有忙碌的身影，也有快乐的回忆！

今年我们广州大学联合毕业设计组的阵营庞大，共有来自建筑学、城乡规划和风景园林三个不同专业的4位老师和7位同学，不论对老师还是同学，这都是一次新的挑战和尝试。庆幸的是，通过不断地磨合，同学们开始越来越有默契，3个专业分工协作，各展所长，圆满完成毕业设计任务，交出了一份满意的答卷，也为即将走向社会迈出了坚实的一步。

我作为这个大家庭指导老师的一员，虽然因为工作原因错过了昆工的工作营和中期汇报，也没能赶上在川大进行的正式答辩，的确有些遗憾，但短短的几个月中我们结下了深厚的友情，收获颇丰。这份兄弟情、师生情依然还在，期待来年的春暖花开，我们会有更美的相聚。

广州大学 李希琳

2021年是我参加"城规非常'六加一'"的快乐大家庭的第二年。今年，我们不仅迎来了新朋友——华南理工大学的师生们，还能够齐聚在广州和佛山，进行面对面的交流和调研活动，这实在是太幸运了。

佛山三龙湾，是一个既保存有岭南水乡传统基因，又将注入佛山新产业、新发展机遇的地方。在广东省城乡规划院的同行们和六校师生们的通力合作下，各校师生都各施所长，充分展示自身的特点。不论是如何平衡生态保护与城市发展建设，还是城市更新如何才能真正运转、落地等方面的思考、探讨与尝试，都给大家留下了深刻的印象。非常"六加一"联合毕业设计竞赛不仅拓展了广州大学师生的知识视野，还提升了专业知识的全面性，实现了最大程度的"互补"。

明年将是"城规非常'六加一'"十周年，期待明年我们能够认识更多的同行朋友和同学们，并取得更大的成功！

教师感言2021

南昌大学 周志仪

　　今年是本活动举行的第九年，联合院校由当初两所发展到六所，由一个校际的小活动，发展为在全国有较大影响的特色教学活动，甚是欣慰。特别是今年，几十号人克服了重重困难，终于让联合毕设有个圆满的结果，感谢创始人的远见睿智、参与师生的积极努力和广东省院的持续支持。

　　今年的年度热词一定会有"内卷"，那么学生参加这个活动，要比其他同学多花精力和金钱，两个月内要在四地三校奔波，除了要调研、画图做ppt外，要会小品表演、拍视频、角色扮演、互换礼物，离开酒店还要求打扫酒店卫生，还原入住时的样子，这是不是毕业设计也开始"内卷"了？我认为，我们的坚持恰恰能弥补平常教学中缺乏的人文情怀，让学生多角度地观察及体验社会，保有一颗"温暖"的初心。

　　九年的磨合，我们已成为一群有共同理想，富有激情的教学团队，让我们相约十年，共谱新篇。

厦门大学 王量量

　　时光穿梭，转眼又是一年，2021年"南粤杯"6+1联合毕业设计圆满结束了。回顾此次毕设，最大的感受就是题目难度有了大幅度提升，而让指导老师们感到欣慰的是同学们很好地完成了此次挑战，做出的成果比预想的还要精彩。6+1联合毕业设计提供了完美的舞台，让六校学子们有了同场竞技，相互学习的机会。借这个机会，我首先要感谢广东省规划院的同仁能够始终不渝地支持这项活动。其次要感谢各位指导老师，大家除了要指导学生毕业设计，还要组织选题、开题、看现场、中期工作营、中期评审、最终答辩等各个环节，各种辛苦不言而喻。当然，我也要感谢我的学生们。对他们来说这必将是一次既辛苦又"开心"的毕业设计，让他们毕生难忘。城市规划从专业到行业，从学校到业界都迎来了转型期，规划人将面对巨大的考验，在这和各位同仁共勉，勇于创新，敢于突破，希望明年的联合毕业设计更加精彩。

厦门大学 郁珊珊

　　有幸第三次参加"南粤杯"联合毕业设计竞赛。这个竞赛已走过九个年头，实属不易。每一次从竞赛选题到调研，从中期汇报到最终答辩，每一站都倾注了主办方和许多老师的心血，给了学生们一个非常好的竞技与展示的平台。非常感谢各位老师的辛勤付出，也祝"南粤杯"越办越好！

教师感言 2021

四川大学　王超深

　　第一次参加"南粤杯"六校联合毕业设计，觉得是挺有意思的一件事，如若没有繁重的科研压力，真心希望年年能够参与这一活动。得益于广东省城乡规划院的资助，以佛山三龙湾为研究基地，得以有幸实地品味这所历史名城，给喜食麻辣味的肠胃换换味道。来自六校的同学在广东省规划院的初次露相及昆明理工大学的中期汇报，脑洞大开式的自我介绍和诙谐幽默的表演留下了极为深刻和快乐的记忆，不由感叹，"90后"的少年们大学时光竟然有如此顽虐的经历！信息化条件对一代人的影响无形而又强大。川大终期汇报的如期召开，将老师和同学们最终成果一览无余地展示，方案中除蕴含着指导老师的影子外，更体现了同学们的眼界，他们在这里开始深入地认识和品味中国。感谢"南粤杯"联合毕业设计，认识了天南海北的老师和专家，在这里知道了"建筑大咖"的微博粉丝有80万之巨，在这里知道了"南昌鬼子"，在这里跟老师们去读懂中国。

昆明理工大学 *项振海*

　　转眼，为期3个月的"南粤杯"6+1联合毕业设计已接近尾声。一路走来，感谢广东省城乡规划设计研究院有限公司对教学的支持，感谢广州大学漆平老师对联合毕设全过程的把控和费心，感谢各位老师、同学在过程中的付出与汗水。联合毕设，是六校学生同台竞技、挥洒青春与汗水的平台，也是老师交流、学习的机会。教学相长，通过联合毕业设计，我也在不断反思教学过程中的不足，逐渐积累经验。

　　在"内卷"日益严重的时代，六校师生仍未"躺平"，不忘初心，保留一份童真以及对专业深深的热爱，对专业知识的探索、创新，以及精益求精的精神感动、激励着我。

　　最后，衷心祝福"南粤杯"6+1联合毕业设计越办越好，祝全体师生越来越好！

教师感言 2021

昆明理工大学 陈　桔

　　2021的联合由于疫情的起伏波动变得来之不易，我们建立了14人的联合教学团队，充分应用线上线下混合的联合教学方式，指导37位六校的同学完成联合毕业设计竞赛课题。线上动员会1次、现场启动仪式1次、中间成果汇报线上线下结合3次，最后是现场中期答辩。每一次出校、进校都需要写报告、做预案、申请、审批，出示健康码、行程卡，戴口罩、测体温等。最终的顺利完成离不开大家的决心和努力、离不开联合团队有序的教学组织，离不开企业提供的良好教育资源的支持。

　　2021年是我从教满15年，我教的第一届本科学生在举办10年的同学聚会，当年稚气和年轻的那批孩子们已经变得成熟、干练。今年，我们第九届"南粤杯"联合毕业设计的同学们也都顺利完成了本科学业，即将入新的领域、面对新的机遇和挑战，作为老师期待看到10年后又一批朝气满满的优秀青年。

教师感言2021

华南理工大学 赵渺希

非常荣幸谈谈自己的感想。

原来总觉得毕业设计四个月很长，没想到一下子就到了要说再见的时候。城乡规划专业跨度五年，是一门贴近行业应用的专业。如果以过来人的身份回顾大学时光，我相信大家从业以后会喜欢规划和建筑专业。五年时间很长，我们却没法教会大家所有技能，但另一方面，城乡规划是一门公共性的事业，只要大家努力付出，一定会得到回馈。

大家在佛山三龙湾看到了很多的城市问题、诸多利益纠葛，部分村民的不信任仿佛就在昨天。我们必须承认，规划师能做的也非常有限。那么，我们是否就可以放弃专业操守、随波逐流？我想这个问题已经超出了毕业设计的范畴，但不妨从更广的视野看待我们的专业：没有人可以随随便便得到自己的所欲所求，从人的本性来说，绝大部分人都有不满足现状的经历。因此，无论是坚守规划专业的公共性事业，还是计划自己的职业生涯，不能因为没法满足所有人的诉求而放弃，相反地，寻找合理边界、有所节制将是我们今后长期所要面对的议题。

从今往后，无论是就业还是读研，大家都将从标准化的专业学习逐渐走向个性化的专业分工，但无论如何，请在以后的日子里敬畏自然、理解城市、尊重个体。最后，衷心祝愿大家有一个美好的前程。

教师感言 2021

华南理工大学　李　昕

　　珠三角地区由于快速的、自下而上的、时空跳跃式的城镇化进程，形成有趣的城−村−野相间的马赛克式城乡肌理，在都市连绵带的广佛地区尤甚，这样的地区在新型城镇化高质量发展的背景下何去何从，为城市治理提出了巨大挑战。至此，三龙湾地区的更新发展不仅仅需要解决通常的市场动力和利益平衡问题，更要通过精细的城市设计满足城市层面的城市风貌重塑、产业生态培育、水乡文化传承和空间品质提升等复合要求。这样实践性强的任务作为本科生毕业设计题目，对师与生、教与学都是一个综合性锻炼，本次南粤杯联合毕设的六支队伍都从不同角度给出了出色的回答。

　　作为华南理工大学队伍的指导老师，我深切感受到理论分析方法对规划设计工作的引领作用。通过引入Desakota这个理论概念、用空间分析的方法将"面状"的设计任务转化为不同肌理边界融合的"线性"问题，由此从"人"尺度的动态城市体验层面入手，通过把控活跃区域、空间序列、天际线、视线廊道和公共空间体系等维度，实现城市意象的形成与实际城市设计工作的完成。希望下一年还有机会参与南粤杯联合毕设教学工作中，通过多校交流更加完善这一教学方法。

教师感言 2021

后 记

赵 炜

在粤港澳大湾区建成充满活力的世界级城市群以及国际科技创新中心的目标引领下，佛山三龙湾高端创新集聚区具有高水平的定位。既要集聚高端创新要素，建成面向全球的先进制造业创新高地，同时也要改善现有的环境，形成高品质的岭南水乡之城，任务无疑是艰巨的。规划的确提出了秩序井然的理想空间结构，但全球格局的动荡，以及美好未来的蓝图与大城市边缘地区野蛮生长的现实反差，也许并不能让规划者的目标轻易实现。

"立新、聚芯、融心"。毕业设计的前期导向已经提出了思考的维度，围绕"会展+创新+智造"的一些具体的功能建议也被提出。尽管非常难，也并不一定能够提出切实可行的解决方案，但同学们还是努力围绕着以下问题进行探索：基地的产业如何实现转型发展，业态的更新与基地的建设如何与基地的自然环境协调共生？如何吸引人才，文化互融，持续发展？其实，对于城市更新而言，这些都是比较大的问题。此外，基地如此之大，从城市更新的角度，有太多的工作需要去开展。

从同学们给出的答案来看，他们都在能力范围之内很好地响应了基地面临的各种问题。有几个设计主题，如广州大学《疏淤通"流"、"禾"谐共生》，昆明理工《织廊环城、沿涌共生》，四川大学《水蔓联城、融情共生》，南昌大学《汩汩涓流、循循织新》，形式上非常相似。此外，厦门大学的《超级聚落》显然是受到区域历史地理特征的强烈启发，而华南理工的《CO-desakota·"扣"》，则更宏观而准确地抓住了基地的本质特征。

一方面，大多数的方案都保留了禾渚村，梳理了水系，并试图与更大区域内的经济、生态、交通和文化脉络联系，方案的完整性都比较好。另一方面，与设计主题的形式相似与否无关，从技术路线来看，各方案对城市更新规划的理解又有着明显的分异。不难看出，从规划理念出发，用策略方法、设计手法去完成更新规划，显然已经不够具有说服力了。

更新规划自有不同于概念城市设计的套路。真正从基地中"人"与"空间"复杂交错的关系入手，认真细致地找出基地千丝万缕的问题线头，然后在现实的机制与利益框架下，精准施策，这需要同学们具备深刻的社会洞察力，敏锐的政策认知力，以及具体操作的专业手段。

很高兴地在一些方案中已经看到了正确的价值观和思路，即便是数据和方法可能还不能很好地支撑，也未必能说未来的蓝图一定如此绘就。遗憾的是，持续围绕这个片区选题，不断深入的初衷不能得以实现，否则，我们可以有更好地机会来检验师生教学团队的成果。